ALBERT BLOCH ET
PARAF-JAVAL

La Substance Universelle

Prix : 2 francs.

Édité par l'ÉMANCIPATRICE
IMPRIMERIE COMMUNISTE
Rue de Pondichéry, PARIS (XV) — Téléphone 716.77
1903

ALBERT BLOCH ET
PARAF-JAVAL

La Substance Universelle

LIVRE PREMIER. **Premiers principes**
LIVRE DEUXIÈME : **L'Univers**

Prix : 2 francs

Edité par l'ÉMANCIPATRICE
IMPRIMERIE COMMUNISTE
3, Rue de Pondichéry, PARIS (XVe) Teléphone 715.77
1903

TABLE DES MATIERES

LIVRE PREMIER

Premiers Principes

Quantités, Grandeurs et Qualités;

La Matière et l'Energie.

Chapitre III. QUALITÉS DES CORPS. Page **26**

Chapitre IV. FORMES DE L'ÉNERGIE. Page **32**

LIVRE II

L'Univers

Les Mondes;

La Terre;

La Vie.

PRÉFACE

Le travail effectué par nous et dont a résulté notre état intellectuel en 1903 représente des efforts considérables. Nous avons dû compiler les ouvrages d'un grand nombre de spécialistes et nous assimiler les théories énergetiques des philosophes scientifiques, parmi lesquels nous citerons particulièrement Mach et Ostwald. Ces théories permettent de concevoir l'Univers comme un ensemble de réalités objectives.

Nous avons cru intéressant de faire bénéficier les autres du résultat de ces efforts et c'est en toute camaraderie que nous publions ce livre, issu lui même de la camaraderie.

En effet, il n'eût pas été possible si les hommes du passé et du présent n'avaient pas accumulé les connaissances que nous avons trouvées à notre portée.

Il n'eût pas été possible, non plus, sans les camarades qui nous ont appris, dans les divers groupements fréquentés par nous quotidiennement, à nous débarrasser des idées préconçues.

Mais la camaraderie ne s'est pas arrêtée là.

Notre camarade Fromentin nous a procuré les livres dont nous avions besoin.

Notre camarade Ferrer Guardia, fondateur de l'École Moderne (Escuela Moderna) à Barcelone, a entrepris l'œuvre de refaire une bibliothèque scolaire exempte de préjugés et fait appel à tous ceux qui s'intéressent à cette œuvre. Il nous a demandé l'édition espagnole de La Substance universelle *et a contribué à nous alléger pendant un certain temps des soucis de l'existence*

Notre frère et ami Georges Bloch nous a mis à même de faire cette édition, imprimée par nos camarades de l'Emancipatrice

Enfin la camaraderie qui a existe entre nous, Albert Bloch et Paraf Javal, a été particulièrement douce et féconde et malgré l'obligation où nous nous sommes trouvés de travailler souvent au détriment du sommeil et du gagne pain, notre travail a été accompli dans la joie et la fraternité

Une préoccupation nous restait La Substance universelle *a été plusieurs fois récrite et tous les jours nous changions encore quelque chose A sa sortie des presses amies, nous avions l'intention d'en prendre chacun un exemplaire, d'y intercaler des feuillets blancs destinés aux corrections et additions futures et de faire savoir à tous combien nous serions heureux d'examiner toutes les observations*

Albert Bloch est mort le 30 avril dernier. J'ai le chagrin d'être seul à donner mon adresse Les amis connus et inconnus m'obligeront en m'écrivant, s'il y a lieu, 6, Cité Barat, Asnières (Seine)

Juin 1903

P J

LA SUBSTANCE UNIVERSELLE

LIVRE PREMIER

Premiers Principes

Quantités, Grandeurs et Qualités;
La Matière et l'Énergie.

LIVRE PREMIER

CHAPITRE PREMIER

INTRODUCTION

Dès que l'homme a pris conscience de lui même et du milieu dans lequel il vit, il a cherché à expliquer les causes des phénomènes qu'il constatait, ses antériorités et celles de son milieu

Ne possédant d'abord qu'un très petit nombre de connaissances positives et ayant à trouver les causes de beaucoup d'effets, il a laisse libre cours à son imagination et a fait les suppositions les plus fantaisistes.

Peu à peu, ses connaissances positives augmentant, il a conçu des hypothèses plus sensées, et la science, c'est à dire le connu, a empiété sur l'ignorance, c'est à dire sur l'inconnu.

Plus la science s'est développée, plus les hypothèses sont devenues plausibles et rationnelles; chaque observation ou chaque explication nouvelle confirme, modifie ou détruit les hypothèses antérieures et sert, dans ce dernier cas, de point de départ à des hypothèses nouvelles.

Toutefois, la presque totalité des hommes ignorant aujourd'hui encore la plus grande partie de ce qui est connu, l'imagination joue toujours un grand rôle. Les esprits, même qui devraient être scientifiques, se laissent encore influencer et se débattent dans le spiritualisme et la métaphysique, en cherchant des explications surnaturelles aux faits dont ils ignorent les causes.

Il nous paraît intéressant d'établir, étant donné l'état actuel des connaissances humaines, quelles explications non pas métaphysiques, mais physiques, on peut donner d'une part, de l'univers que nous percevons, de la terre que nous habitons et des êtres vivants qui s'y succèdent et, d'autre part, des types absolus que nous concevons et auxquels nous rapportons les réalités.

CHAPITRE II

QUANTITÉS

L'homme.

L'homme, par ses sens, prend conscience de lui même et de ce qui l'environne

Il constate qu'il est *lui*

Les corps.

Il constate que tout le reste n'est *pas lui*. Ce sont des *corps*.

Il constate qu'il peut *se déplacer* en restant lui et que *tout le reste*, y comprise la place qu'il occupait auparavant, n'est pas lui.

Espace.

Immédiatement, il conçoit *l'espace* comme *le milieu où sont* les corps

Forme.

Il remarque que chaque corps occupe une certaine portion de l'espace et que le corps ne se confond pas avec l'espace. Ce qui sépare le corps de l'espace, c'est *la forme* du corps.

Situation.

Il constate qu'un corps ne peut être à la fois *où il est* et *autre part*, et que sa situation est un moyen de le distinguer des autres corps.

Déplacement.

Il constate qu'un corps, qui est à un moment quelque part, peut être à un autre moment *autre part* et qu'un même corps peut occuper successivement dans l'espace des positions différentes par rapport à lui

Ressemblance et différence.

Quand des corps ont un ou des caractères communs, nous disons qu'ils *se ressemblent* par ces caractères

Nous appelons *différences* entre les corps tous les caractères qui ne leur sont pas communs

Identité.

Quand des corps ont exactement les mêmes caractères et qu'il est impossible de les distinguer les uns des autres autrement que par leur position, on dit qu'ils sont *identiques*.

Pluralité et unité.

En considérant les objets, nous concevons qu'il est possible de former avec eux des groupes plus ou moins considérables. Tout groupe est une *pluralité*.

Les objets dont se compose le groupe sont des *unités*

Nombre.

Quand une pluralité d'objets identiques est comparée à un de ces objets, le résultat de la comparaison s'appelle le *nombre* des objets.

Formation des nombres.

Lorsqu'on ajoute à un objet un objet identique, on obtient le second nombre.

Tous les nombres peuvent se former successivement en ajoutant un objet à la pluralité d'objets identiques déjà obtenue.

La suite des nombres est illimitée.

On voit qu'un nombre quelconque peut toujours permettre de former un nombre plus grand que lui.

Discontinuité.

Nous ne pouvons passer d'un nombre au suivant qu'en lui ajoutant une unité Par suite, un nombre ne représente jamais qu'une pluralité d'objets identiques, mais distincts et séparés

L'intervalle d'un nombre au précédent ou au suivant ne peut jamais être comblé

Ce caractère des nombres s'appelle *discontinuité.*

Continuité.

Au contraire des objets, nous voyons que l'espace peut augmenter ou diminuer par intervalles aussi petits que l'on veut, plus petits même que tout objet donné Nous voyons aussi que tout intervalle entre deux espaces peut être comblé.

Ce caractère de l'espace s'appelle *continuité.*

Quantité.

Si nous avons devant nous un certain nombre de vases tous semblables et également remplis d'eau, nous pouvons connaître le nombre des vases d'eau que nous avons. Les vases étant discontinus, nous pouvons *les compter*. Le nombre des vases est une *quantité.*

Grandeur.

Mais, si toute l'eau de ces vases est contenue dans un tonneau, il nous sera impossible de *compter cette eau*. En occupant un espace continu, elle a perdu le caractère de nombre pour prendre celui de *grandeur*. Maintenant, il faudra *la mesurer*, c'est à dire la comparer à une portion type de l'espace.

La quantité d'eau contenue dans un vase semblable, par exemple, à ceux employés par nous précédemment, nous servira d'unité de mesure et alors nous trouverons pour la mesure de l'eau le nombre même des vases d'eau.

Choix des unités.

Si nous avions pris un vase deux fois plus grand, nous aurions trouvé un nombre deux fois plus petit Le résultat d'une mesure dépend donc essentiellement des unités choisies. Le choix de ces unités est arbitraire et n'est déterminé que par le plus ou moins de commodité

Mouvement et équilibre.

On constate qu'un même objet est à un moment donné en un certain point de l'espace et qu'il est à un autre moment en un autre point.

De là l'idée de *mouvement*.

Quand un corps n'est pas en mouvement, il est en *équilibre*.

Temps.

On constate que, pour passer d'un point à un autre, un corps a occupé sans interruption des positions différentes et successives.

De là l'idée de *temps* et la constatation que le temps, comme l'espace, est une grandeur continue.

Durée.

On constate que, pendant les déplacements d'un corps, soi-même ou d'autres corps ont conservé leur position ou leur état primitifs.

De là l'idée de *durée* et d'écoulement du temps.

Mesure du temps.

Il est impossible de constater directement l'égalité de deux temps, parce que deux temps ne sont pas superposables

Le temps n'a pas d'existence réelle. C'est une idée qui nous est fournie par l'expérience et qui nous permet, parce que nous conservons la mémoire de nos événements passés, de conclure à des événements dans l'avenir.

Chaque moment n'est que la limite entre un passé et un futur.

Seulement nous pouvons conclure, de la continuité des phénomènes naturels, que les temps qui s'écoulent entre deux répétitions semblables, dans des conditions identiques, d'un même phénomène naturel, sont égaux.

De là l'idée de *mesurer le temps en prenant pour terme de comparaison le temps nécessaire pour qu'un certain mouvement, toujours le même, s'accomplisse dans des conditions toujours semblables*

L'unité choisie pour mesurer le temps est la *seconde*, c'est à dire la 86 400e partie du temps qu'emploie le terre à faire une révolution sur elle même.

Mesure de l'espace.

Un corps dans l'espace peut se mouvoir de façons différentes :

Il peut occuper toutes les positions successives le long d'un fil tendu entre deux points, ou le long d'un fil affectant la forme d'un contour quelconque. En ce cas le mouvement se fait suivant une seule direction (longueur ou ligne).

Dans ces deux cas, l'unité de mesure de l'espace parcouru sera *l'unité de longueur*.

L'unité choisie pour mesurer les longueurs est la longueur appelée *centimètre*, c'est à dire la centième partie de l'étalon de platine conservé au Conservatoire des Arts et Métiers de Paris et appelé *mètre*.

Après avoir cru, depuis 1792, que le mètre était la dix millionième partie du quart du méridien terrestre, des calculs plus exacts ont montré que la longueur d'un quart du méridien était 10,000,856 mètres.

Si le mouvement est celui du pinceau d'un peintre qui recouvre un mur, on voit que ce mouvement se fait suivant deux directions (longueur, largeur) et l'espace devient une surface.

L'unité choisie pour mesurer les surfaces est la surface d'un carré ayant 1 centimètre de côté et s'appelle le *centimètre carré.*

Si le mouvement est celui d'un liquide coulant dans un vase, on voit qu'il s'effectue suivant trois directions (longueur, largeur, hauteur) et l'espace devient un volume.

L'unité de volume est le volume d'un cube ayant un centimètre de côté et s'appelle le *centimètre cube.*

Vitesse.

On constate qu'un même corps parcourt une certaine distance en un certain temps dans de certaines conditions.

On constate que le même corps dans d'autres conditions parcourra la même distance en un temps différent, ou que dans le même temps il parcourra des distances différentes.

De là l'idée de la *vitesse.*

On voit que cette idée est celle d'une grandeur dépendant à la fois de l'espace et du temps

Par suite nous aurons différentes sortes de vitesses suivant que le mobile parcourra des lignes, des surfaces ou des volumes

Mesure de la vitesse

La vitesse d'un corps mobile est mesurée par le temps que met ce corps à parcourir une même portion de l'espace.

Plus le temps employé par un corps à parcourir un espace donné est court, plus sa vitesse est grande.

L'unité de vitesse linéaire sera donc la *vitesse d'un point parcourant une longueur d'un centimètre en une seconde.*

L'unité de vitesse superficielle sera la *vitesse d'une surface se déplaçant à raison d'un centimètre carré en une seconde.*

L'unité de vitesse d'un volume sera la *vitesse d'un corps parcourant un volume d'un centimètre cube en une seconde.*

Accélération.

On constate que la vitesse d'un corps peut varier. Suivant les conditions du mouvement, elle peut augmenter ou diminuer, c'est à dire que dans des temps égaux un même corps peut parcourir des espaces de plus en plus grands ou de plus en plus petits.

C'est ce qu'on appelle l'*accélération.*

Mesure de l'accélération.

On mesure l'accélération par la mesure de l'augmentation ou de la diminution de vitesse dans l'unité de temps.

Forces

Nous constatons que les mouvements de notre corps sont produits par nous et que nous pouvons les attribuer à une cause qui est nous.

Nous voyons aussi que nous pouvons imprimer aux corps extérieurs à nous des mouvements dont nous sommes la cause et nous constatons qu'aucun corps ne peut de lui même, ni se mettre en mouvement, ni modifier le mouvement qui lui a été imprimé.

De là nous vient l'idée d'attribuer chaque mouvement ou

modification dans un mouvement à une cause que nous appelons *force.*

En réalité, nous ne pouvons constater que des mouvements, des vitesses et des accélérations ou bien des équilibres. C'est par une habitude de notre esprit que nous remontons toujours du mouvement à la force, comme nous cherchons toujours à remonter de l'effet à la cause. Quand un corps ou un système de corps est en équilibre, c'est, ou bien qu'aucune force n'agit sur lui au moment considéré, ou que les forces agissant sur lui ont un effet nul.

Travail.

Ce que nous constatons par l'expérience, c'est que pour *déplacer* un corps, il nous faut faire un *effort.*

Nous appelons *travail* le résultat de cet effort.

Nous constatons que, pour un même corps ou pour deux corps identiques, l'effort est le même si le déplacement est le même et qu'il est d'autant plus grand que le déplacement est plus grand.

Il n'en est plus de même si les deux corps ne sont pas identiques. En effet, si nous avons à déplacer d'une même quantité deux volumes différents d'un même corps, par exemple *10* litres et *20* litres d'eau, dans le second cas l'effort sera deux fois plus grand que dans le premier.

Mais si nous avons à déplacer d'une même quantité 10 litres d'eau et 10 litres de mercure, l'effort dans le cas du mercure sera beaucoup plus grand que dans celui de l'eau, quoique le volume et le deplacement n'aient pas varié

Poids.

Cela tient à ce qu'un litre de mercure diffère d'un litre d'eau par son *poids.* Nous expliquerons plus tard de quoi dépend le poids des corps. Pour l'instant, la notion de travail nous permet de constater que les différents corps ont des *poids* différents sous un même volume; par suite, le *poids* est une qualité caractéristique des corps.

Actuellement nous considérons le poids des corps comme une donnée de l'expérience et comme un des facteurs du *travail*, c'est-à-dire de l'effort nécessaire pour déplacer un corps. L'autre facteur est le déplacement subi par le corps.

Mesure du Travail.

On pourra donc mesurer le travail en multipliant le poids du corps déplacé par le déplacement effectué.

Unité pratique de travail.

Si nous prenons pour unité pratique de poids le *gramme*, c'est à dire le poids de la millième partie de l'étalon de platine construit par le physicien Borda et depuis lors conservé au Conservatoire des Arts et Métiers à Paris, et représentant le poids, à Paris, d'un décimètre cube d'eau distillée à la température de 4 degrés centigrades, et pour unité de longueur le centimètre, *l'unité de travail sera le travail nécessaire pour imprimer à un gramme un déplacement vertical d'un centimètre*. On lui donne le nom de *gramme-centimètre*. Nous verrons plus loin que ce n'est qu'une unité *pratique*, différant de l'unité *absolue* de travail.

Dans les machines, on évalue le travail en prenant pour unité, soit le *kilogrammètre*, 100,000 fois plus grand qu'un gramme centimètre, soit le *cheval-vapeur*, 75 fois plus grand que le kilogrammètre.

Ce qui nous importait d'établir, c'est la possibilité de mesurer le travail en prenant le poids comme facteur.

Transmission du travail.

De nombreux exemples nous prouvent que le travail peut être transporté d'un corps à un autre.

Ainsi il nous suffit de mentionner ce fait qu'en exerçant un certain effort de traction à l'extrémité d'une corde, cet effort se transmet à l'autre extrémité et nous permet de faire subir à un objet situé à cette extrémité un déplacement qui aurait exigé le même effort pour être effectué directement.

Conservation du travail.

Quand nous remontons une pendule à ressort, il nous faut effectuer, pour tendre le ressort, un certain travail musculaire. Si, pour une raison quelconque, on casse la pendule immédiatement après l'avoir remontée, le ressort, en se détendant, restituera d'un seul coup le travail qu'il a fallu exécuter pour le tendre.

Au contraire, si la pendule reste en bon état, le ressort pourra, pendant un temps donné, faire fonctionner les rouages et déplacer les aiguilles, dépensant à chaque seconde une petite partie du travail qu'on lui a fourni lors du remontage.

Le travail peut donc être conservé.

Énergie.

La notion de travail est en nous indissolublement liée aux deux notions d'effort et de mouvement.

Si, au lieu de considérer cette idée complexe, *nous ne considérons que l'idée plus simple de la quantité de travail contenue dans un corps, nous appelons cette quantité de travail l'ÉNERGIE du corps.*

Conservation et indestructibilité de l'énergie.

Pour produire un travail, il faut dépenser une quantité de travail équivalente ; toute quantité de travail produite peut être conservée jusqu'au moment où elle sera utilisée pour produire un effet toujours mesurable. Il en est de même de l'énergie qui ne peut se produire dans un corps que si un autre corps la lui transmet.

De même, tout corps ou tout système de corps conserve son énergie jusqu'au moment où il la transmet à un ou à d'autres corps.

Nous verrons plus tard quelles sont les différentes formes que peut affecter l'énergie. Actuellement, nous pouvons déjà la considérer comme la source de tous les mouvements qui se manifestent dans les corps.

L'énergi et le mouvement.

Nous constatons que deux corps identiques, en mouvement, produisent des effets différents si leurs vitesses sont différentes, le plus grand effet étant produit par le corps qui a la plus grande vitesse.

L'énergie et le poids.

Au contraire, si deux corps différents ont la même vitesse, le corps le plus *lourd* produira le plus grand effet.

Les facteurs de l'énergie.

Nous pouvons, par l'expérience, constater que, deux corps ayant même vitesse, si l'un pèse deux fois plus que l'autre, il produira un effet deux fois plus grand. Au contraire, si deux corps ont même poids et que l'un d'eux ait une vitesse deux fois plus grande que l'autre, il produira un effet quatre fois plus grand. Il possédera donc quatre fois plus d'énergie.

L'énergie d'un corps dépend donc à la fois de son poids et de la vitesse dont il est animé Mais l'influence de la vitesse est plus grande que celle du poids.

Ces faits, que l'expérience nous permet de constater, seront démontrés lorsque nous étudierons en détail les lois de l'énergie, c'est à dire la *mécanique*.

CHAPITRE III
QUALITÉS DES CORPS

Nous avons vu jusqu'ici comment on peut mesurer les corps, leurs mouvements et le travail correspondant à ces mouvements. Il nous reste à apprendre à différencier les corps.

Les sens.

L'expérience montre que c'est par l'intermédiaire de nos sens que nous entrons en relation avec les corps, chacun de nos sens nous permettant de déterminer une série de caractères dont l'ensemble constitue la *qualité* de chaque corps.

Nous ne connaissons donc pas directement les corps, mais seulement les impressions qu'ils produisent sur nos sens.

Propriétés des corps.

Pour nous expliquer chacune de ces impressions, nous l'attribuons à une cause particulière que nous appelons *propriété du corps.*

C'est ainsi que nous attribuons aux corps les propriétés d'étendue, de forme, de couleur, etc., qui impressionnent notre vue; de poids, de dureté, d'élasticité, de chaleur, etc. qui impressionnent notre tact; de sonorité, d'odeur, de saveur, etc. qui impressionnent nos autres sens.

C'est donc UN ENSEMBLE DE PROPRIÉTÉS *perçues par nos sens que nous appelons un* CORPS.

Matière.

Mais nous avons l'idée que, sous ces propriétés, existe réellement quelque chose que nous ne pouvons atteindre.

C'est à l'idée de ce support inconnu de toutes les propriétés connues et inconnues par lesquelles les corps se révèlent à nos sens que nous donnons le nom de MATIÈRE.

Matière et énergie.

Nous avons pris l'habitude de nous expliquer les différents mouvements comme les effets de causes inconnues que nous appelons *forces* et qui ne sont autres que les formes différentes de l'*énergie*.

De même, nous avons pris l'habitude d'appeler *matière* le support inconnu des *propriétés* qui se manifestent à nos sens comme corps.

Propriétés variables des corps.

Parmi les propriétés des corps, il y en a qui, dans un même corps, sont variables.

Ainsi, la couleur d'un corps varie suivant la façon dont il est éclairé. Sa température varie suivant qu'il a été plus ou moins chauffé.

Le son d'une carafe en cristal change suivant qu'on frappe sur la partie ballonnée ou sur le col.

La forme même d'un corps peut varier suivant sa température et suivant les pressions qu'on lui fait subir.

Le volume d'un corps varie suivant sa température et suivant les pressions qu'il supporte.

Masse.

Par contre, nous constatons que chaque corps prend, sous l'action d'une même force, agissant de façon constante, une certaine accélération mesurable, toujours la même pour un même corps et une même force.

Cette propriété invariable est commune à tous les corps. Nous l'appelons la *masse*.

On peut donc définir la *masse* comme la *propriété com-*

mune à tous les corps de prendre, sous l'influence d'une force donnée, une certaine accélération, toujours la même pour le même corps et la même force.

Rapport entre le volume et le poids d'un corps et sa masse.

On constate que, pour un même corps, la masse est toujours proportionnelle au volume du corps.

On constate aussi qu'elle est toujours proportionnelle au poids du corps.

Indépendante des conditions de temps, de lieu, de température, etc., la *masse* ne doit pas être confondue avec le *poids* du corps.

Le rapport du poids du corps à son *volume* s'appelle la *densité*.

Au contraire de la masse, la densité dépend des conditions de lieu, de température, de pression, etc.

Masse et force.

La masse est, nous l'avons dit, la propriété qu'ont les corps de prendre sous l'influence d'une certaine force une vitesse déterminée et sous l'influence d'une force constante agissant pendant un certain temps une accélération déterminée. On représente la masse d'un corps par le rapport de la force agissant sur lui à l'accélération qu'elle lui communique. Si donc nous déterminons pour une force donnée l'accélération qu'elle imprime à un corps donné, nous pourrons déterminer la masse du corps en divisant la force par l'accélération

Si, par exemple, nous déterminons pour la force pesanteur l'accélération qu'elle imprime à un corps donné, nous pourrons déterminer la masse de ce corps

Or, la pesanteur (action constante de la terre sur les corps qui sont à sa surface) se manifeste à nous par le poids,

Le rapport entre le poids d'un corps et l'accélération qu'il prendra dans sa chute déterminera donc la masse de ce corps.

De là il résulte que, si nous prenons le gramme pour unité de poids, l'accélération dûe à la pesanteur étant, à Paris, de 981 centimètres par seconde, *l'unité de masse sera la masse de 981 centimètres cubes d'eau distillée à 4 degrés centigrades, masse pesant, à Paris, 981 grammes.* Le quotient de la division de 981 grammes (force) par 981 centimètres (accélération) est, en effet, égal à 1, c'est-à dire que, dans ce cas, la masse sera l'unité.

Mais la masse de ces 981 centimètres cubes d'eau ne pourra représenter l'unité que là où, comme à Paris, l'accélération due à la pesanteur est de 981 centimètres. Cette accélération varie suivant les latitudes (elle est de 978 centimètres à l'équateur et de 983 centimètres aux pôles). L'unité de masse en un lieu donné sera donc, l'accélération en ce lieu étant g, la masse en ce lieu de g centimètres cubes d'eau distillée à 4 degrés.

Il faut employer pour mesurer les forces, non pas l'unité de poids qui varie, mais une quantité absolument invariable, ne dépendant que des unités de temps, de longueur et de masse.

On a choisi pour cette *unité absolue de force*, la *dyne*, qui est la *force pouvant imprimer à l'unité de masse une accélération de 1 centimètre par seconde*, c'est à dire que, si nous prenons pour unité de masse la masse de 1 centimètre cube d'eau distillée à 4 degrés centigrades, la dyne sera la force imprimant, à Paris, à 1 centimètre cube d'eau distillée à 4 degrés une accélération de 1 centimètre par seconde. Cette force équivaut, à Paris, à la force que produirait l'action d'un poids de $\frac{1}{981}$ de gramme et correspond en un lieu donné, où l'accélération sera g, à l'action d'un poids de $\frac{1}{g}$ grammes ou au poids de $\frac{1}{g}$ centimètres cubes d'eau distillée à 4 degrés centigrades.

Mesure de l'énergie.

Pour déterminer l'unité d'énergie, nous rappellerons que l'énergie représente la quantité d'effort équivalente à celle qu'il faudrait dépenser pour effectuer un travail donné, c'est-à-dire pour déplacer d'une certaine longueur un corps pesant.

Or, pour soulever un certain poids à une certaine hauteur, il faut un effort dont le travail sera mesuré par le produit du poids par le déplacement.

On a donc choisi pour unité d'énergie l'*erg, énergie d'une dyne agissant sur une longueur de 1 centimètre.*

Pour ramener cette définition aux unités pratiques, nous rappellerons que, pour soulever 1 gramme à la hauteur de 1 centimètre, là où l'accélération due à la pesanteur est de 981 centimètres par seconde, le poids de 1 gramme équivaut à 981 dynes. Il faudra donc en ce lieu 981 ergs pour soulever 1 gramme à 1 centimètre. L'erg est donc la 981e partie du gramme centimètre ou la 98.100 000e partie du kilogrammètre.

Mais le déplacement d'un corps pesant suivant une certaine longueur peut s'effectuer sans l'intervention d'un moteur visible, par exemple lorsqu'un corps tombe en chute libre. Dans ce cas, le travail se manifeste pendant la durée de la chute du corps par la vitesse qu'il acquiert. La vitesse doit donc nous permettre aussi de mesurer le travail. En effet, en soulevant le corps, nous lui avons *fourni* une certaine quantité d'énergie équivalente au travail effectué. Si maintenant nous abandonnons le corps à lui même *il tombe* et l'énergie qu'il contient se dépense pendant la chute et se manifeste par l'*accélération*, c'est à dire par l'augmentation de vitesse.

Tout à l'heure, l'énergie était une *force* produisant un *déplacement*, maintenant c'est une *masse* ayant une *vitesse*. De *dynamique* (*dunamis* force), elle est devenue *cinétique* (*kinesis* mouvement).

Dans le premier cas, l'*erg* représente le travail produit par l'unité de force agissant le long de l'unité de longueur; dans le second, il représente l'énergie acquise par un poids de 1 gramme tombant de 1 centimètre en une seconde, c'est-à dire, comme nous le verrons, la moitié du produit de l'unité de masse par le carré de l'unité de vitesse.

Dans le premier cas, l'énergie correspond à l'effort nécessaire pour imprimer au corps un mouvement. Dans le second, elle représente l'effort nécessaire pour résister à l'action du corps en mouvement.

Énergie cinétique et énergie potentielle.

Mais, si le corps en tombant rencontre à un instant donné un corps résistant, un ressort par exemple, toute l'énergie cinétique qu'il contient se transformera en énergie dynamique et cette énergie effectuera un travail mécanique mesurable par la tension du ressort ; le ressort contiendra toute l'énergie qu'avait le corps en mouvement. Le corps, au moment de sa chute, contenait donc *en puissance* la quantité d'énergie nécessaire pour modifier l'état du ressort. Cette énergie en puissance s'appelle *énergie potentielle.*

De l'énergie cinétique ne peut donc se transformer en énergie potentielle que par l'annulation du mouvement. De l'énergie potentielle ne peut se transformer en énergie cinétique que par l'annulation de la force agissant sur le corps.

Dans ces transformations d'énergie, il y a quelque chose qui ne change pas, c'est l'énergie du système, qu'il soit en mouvement ou en repos.

CHAPITRE IV

FORMES DE L'ÉNERGIE

L'énergie.

Ainsi que nous l'avons dit, les propriétés ou qualités des corps, grâce auxquelles nos sens nous permettent de percevoir les objets extérieurs, sont des formes différentes de l'énergie. Nous considérons celle ci comme un effort se manifestant par un travail.

L'énergie se transmet d'un corps à un autre, soit immédiatement par le contact ou le choc, soit à distance par conduction, par convection ou par rayonnement.

Pour expliquer logiquement, par la notion expérimentale de l'énergie, les différents phénomènes que nous observons dans les corps, nous pouvons donner des différentes formes de l'énergie la classification suivante :

I. L'ÉNERGIE DE FORME, se divisant elle même en *énergie de surface* et *énergie de volume ;*

II. L'ÉNERGIE DE SITUATION, comprenant l'*énergie de distance* et *l'énergie de mouvement.*

Ces deux premiers groupes peuvent être considérés comme constituant l'*énergie mécanique ;*

III. L'ÉNERGIE THERMIQUE,

IV. L'ÉNERGIE LUMINEUSE ;

V. LES ÉNERGIES ÉLECTRIQUE ET MAGNÉTIQUE.

A ces trois groupes d'énergie, se manifestant à l'aide de radiations, se rattachent toutes les énergies peu connues encore qui donnent lieu aux phénomènes des *rayons X*, de la *luminescence*, de la *fluorescence*, etc.,

VI. L'ÉNERGIE CHIMIQUE,

VII L'ÉNERGIE INTERNE, dont les manifestations se rattachent aux modifications internes de l'état des corps ;

A ces formes d'énergie, il convient d'ajouter :

VIII. L'ÉNERGIE VITALE ;

IX. L'ÉNERGIE INTELLECTUELLE ;

X. L'ÉNERGIE SOCIALE.

Ce qui caractérise toutes les formes d'énergie, c'est la reversibilité des phénomènes énergétiques et, par suite, l'indestructibilité, la transmission et la conservation de l'énergie.

Énergie de forme.

La forme des corps a tendance à persister tant qu'il ne s'exerce pas sur eux d'action externe, ou qu'il ne leur est pas fourni d'énergie extérieure capable de modifier leur état.

Ainsi la forme d'un corps peut être changée par une action mécanique exercée sur lui. Par exemple, le travail mécanique que le sculpteur doit fournir pour dégrossir le bloc de marbre, en enlever des fragments à coups de ciseau, polir les formes de la statue, représente la partie de l'*énergie de forme* du bloc de marbre qui disparaît dans l'élaboration de la statue, celle qui subsiste dans la statue étant la différence entre l'énergie du bloc et l'énergie disparue.

D'autre part, la dissolution dans l'eau d'un morceau de sucre ayant une forme déterminée, nous montre comment l'énergie chimique peut agir sur l'énergie de forme.

Énergie de surface.

L'énergie de surface se manifeste à nous par la résistance qu'opposent les corps à toute tentative de modification de leurs surfaces et par certaines actions dues à ces surfaces.

Exemples : l'adhésion d'une goutte d'eau à une surface polie. Nous voyons la goutte grossir, s'allonger et en quelque sorte se distendre jusqu'au moment où son énergie de surface ne lui permet plus de résister aux autres énergies, notamment à la pesanteur. C'est également en vertu de l'énergie de surface que l'huile monte dans une mèche et qu'une bulle de savon peut résister à des pressions relativement assez fortes sans éclater.

L'énergie de surface se manifeste surtout dans les liquides. Pourtant, l'adhésion de deux corps solides, dont les surfaces très polies ont été rapprochées autant que possible, nous montre qu'elle se manifeste aussi dans les corps solides et parfois très énergiquement.

Énergie de volume.

Nous constatons qu'un corps occupe un certain volume dans l'espace et que ce volume ne peut varier sans que l'on exerce sur le corps un certain travail mesurable. Ainsi, si nous comprimons le corps, le volume diminue. Le corps possède donc une *énergie de volume.*

Cette énergie se manifeste très nettement dans les gaz, où, pour diminuer le volume, il faut augmenter la pression et réciproquement.

L'énergie de volume est très grande pour les solides et les liquides, plus faible pour les gaz ; c'est à dire que les solides et les liquides se compriment plus difficilement que les gaz

Quand un corps perd de l'énergie de volume, celle ci se transforme généralement en énergie thermique (élévation de température des corps solides comprimés, échauffement de la glace jusqu'à la fusion par la pression, briquet à air). Réciproquement quand l'énergie de volume augmente, elle se transforme généralement en énergie mecanique (Rupture des vases fermés lorsque l'eau se congèle en augmentant de volume, force expansive des gaz et des vapeurs, etc.).

Énergie de distance.

Dès que deux corps sont en présence, il existe entre eux une relation qui se manifeste par leur distance. Toute modification dans cette distance implique un travail employé, soit à les rapprocher, soit à les éloigner. Leur distance actuelle est donc une forme d'énergie, puisqu'elle ne peut être modifiée que par du travail et la quantité d'*énergie de distance* contenue dans le système des deux corps est représentée par la quantité de travail nécessaire pour les rapprocher jusqu'à ce que leur distance soit nulle.

Or, nous constatons que le travail nécessaire pour les rapprocher sera d'autant plus grand qu'ils seront plus éloignés, en supposant qu'ils aient la même masse. Donc l'énergie de distance est proportionnelle à la distance des corps. Pour deux corps de masses différentes, le travail nécessaire pour les rapprocher sera d'autant plus grand que la masse de chaque corps sera plus grande. Donc l'énergie de distance de deux corps est proportionnelle à leur masse. Il s'en suit que l'énergie de distance, existant entre deux corps est proportionnelle au produit de leurs masses et à leur distance

Le fait seul que deux corps soient en présence implique qu'une certaine quantité d'énergie de distance existe dans le système qu'ils forment. Toute modification dans leur distance impliquera une transformation de cette énergie qui se manifestera par la production ou la disparition d'une quantité équivalente d'énergie sous forme d'énergie de mouvement.

L'énergie de distance diffère essentiellement de ce qu'on appelle l'*attraction*.

En effet l'attraction est supposée *émaner d'un corps et agir à distance*, c'est-à-dire, agir là où le corps n'est pas, pour attirer vers lui les autres corps, sans tenir aucun compte du milieu environnant.

Au contraire l'énergie de distance qui existe entre un

système de deux corps (ou de plusieurs corps) *ne se manifeste que lorsque les deux corps sont en présence* quelle que soit leur distance : plus ils sont éloignés, plus leur énergie de distance est grande. L'énergie de distance s'étend à tout l'espace Si les corps se rapprochent, c'est qu'une partie de leur énergie de distance se transforme en énergie de mouvement. Plus ils se seront rapprochés de loin, plus grande sera la quantité d'énergie de mouvement provenant de l'énergie de distance transformée et par suite plus grande sera la vitesse du mouvement.

Si donc on considère *l'un des deux corps comme fixe, l'autre, s'en rapprochant de plus en plus vite, paraîtra de plus en plus attiré par lui.*

On voit ainsi comment on a pu, en considérant d'abord le phénomène de la chute des corps vers la terre, attribuer à une force émanant de la terre seule, le résultat d'une modification dans l'énergie de distance du système de la terre et du corps, transformée en énergie de mouvement. A l'époque où Newton établit les lois de la gravitation, en se basant sur les observations de Galilée relatives à la chute des corps, il était impossible de donner une autre explication.

Du reste Newton a eu grand soin de ne faire aucune hypothèse sur la cause du mouvement.

Poids.

La terre étant un corps comme un autre, pour éloigner d'elle un corps d'une certaine masse, il faudra faire un effort pour soulever les corps qui sont à la surface. La masse de la terre étant constante, l'effort sera d'autant plus grand que le corps aura une plus grande masse.

Cet effort se mesure pour nous par le *poids* des corps. On comprend maintenant comment le poids d'un corps est proportionnel à sa *masse*.

Pesanteur.

Nous constatons que, pour soulever un corps à une certaine hauteur, il faut exercer sur lui un effort proportionnel à sa masse. On a pris l'habitude d'appeler *pesanteur* l'énergie de distance qui s'exerce entre les corps et la terre et de considérer cette forme d'énergie comme une *force* due à l'action de la terre. Par suite, on dit que la terre exerce sur les corps une action attractive dûe à la pesanteur.

Mesure du poids.

Le poids d'un corps est la mesure de l'énergie de distance qui se manifeste entre le corps et la terre. On comprend maintenant pourquoi le *poids* d'un même corps varie suivant sa distance à la terre et n'est pas mesuré en unités absolues par le gramme, qui est un poids et qui, par suite, varie lui même.

En vertu d'une loi de mécanique, l'action exercée par un corps peut toujours être supposée émaner du centre du corps. Or, la terre est un sphéroide ayant 6.300.000 mètres de diamètre en moyenne. Il résulte de ce fait que, pour de faibles distances, de 1 à 1.000 mètres par exemple, la différence que produit la distance du corps à la surface de la terre est moindre que la six millième partie de son poids. Elle est donc, en général, trop faible pour que nos sens puissent la constater.

On a donc pu considérer pendant longtemps le poids d'un corps comme constant, et ne tenir compte ni de la diminution du rayon de la terre entre l'équateur et le pôle, ni de la hauteur à laquelle on s'élève en un même lieu. (Le poids d'un corps est, au pôle, de 0,00512 fois plus grand qu'à l'équateur.)

Le poids ne peut donc pas servir d'*unité*, sinon pratiquement et pour un lieu déterminé. Aussi faut-il dire, si l'on veut définir l'unité de poids usuelle : *le GRAMME est le poids,* A PARIS, *d'un centimètre cube d'eau distillée à la température de 4 degrés.*

Mais la *masse* d'un cent mètre cube d'eau à une tempé rature donnée reste toujours la même.

Unité pratique de travail

En tout cas, comme nous l'avons vu, le poids d'un corps peut servir d'élément pour mesurer le *travail* que néces site son déplacement et ce travail est égal au produit du poids par le déplacement. Aussi, *l'unité pratique* de tra vail est elle le *kilogrammètre* ou *le travail nécessaire pour élever un poids de un kilogramme à un mètre de hauteur en une seconde.*

Transformation d'énergie de distance en énergie de mouvement.

Soit un corps pesant. Pour le soulever à une certaine hauteur, il faut lui communiquer une certaine quantité d'énergie, mesurée par le travail nécessité pour le soulever à cette hauteur, soit le produit du poids par la distance.

Arrivé à une certaine hauteur, le corps *contiendra* cette énergie. Abandonnons le à lui même : l'énergie qu'il con tient se transformera en *énergie de mouvement* et le corps se rapprochera de la terre avec une vitesse d'autant plus grande qu'il aura transformé plus d'énergie de distance en énergie de mouvement, c'est à dire les masses restant cons tantes, avec une vitesse d'autant plus grande que la dis-tance aura diminué davantage. C'est ainsi que nous pou-vons comprendre que tous les corps *tombent* vers la terre avec une vitesse d'autant plus grande que la durée de la chute est plus grande. La vitesse variant comme la durée de la chute, augmente avec le temps, et, quand le corps arrive à la surface de la terre, sa vitesse est d'autant plus grande qu'il tombe depuis plus longtemps. Sa vitesse augmente donc à chaque instant et est, à la fin d'une certaine seconde, plus grande qu'elle n'était au commencement de cette seconde. Cette augmentation de vitesse pendant la chute est l'*accélération.* Elle est, à Paris, de 981 centimètres par seconde

Il suit de là que le corps tombant, à Paris, en chute libre, c'est à dire sans vitesse initiale, a, à la fin de la première seconde, une vitesse de 9 m. 81 c Mais cette vitesse, il l'a acquise pendant sa chute, puisqu'au début, il avait une vitesse nulle. En d'autres termes, la première seconde écoulée, le corps serait capable de parcourir 9 m. 81 en une seconde, si la pesanteur n'agissait plus sur lui et que, par suite, l'accélération cessât. Ainsi que nous le montrerons dans l'énergétique, il aura effectivement parcouru, à Paris,

pendant la 1re seconde de chute . .. . $4^{m}90$
Au bout de la 2e . $4^{m}90 \times 4$
3e . $4^{m}90 \times 9$
4e $4^{m}90 \times 16$
5e . . $4^{m}90 \times 25$

et, en général, au bout d'un nombre t de secondes, il aura parcouru ... . $4^{m}90 \times t^2$

et, comme 4 m. 90 est la moitié de l'accélération 9 m. 81, nous arrivons à une formule générale qui nous permet de trouver l'espace e parcouru en un temps t quand on connaît l'accélération g

$$e = \frac{1}{2} g \times t^2$$

Exemple: A Paris, un corps tombant pendant une minute (60 secondes), parcourrait un espace égal à

$$\frac{9^{m}81}{2} \times 60^2 = 4^{m}905 \times 3.600 = 17.658 \text{ mètres.}$$

La vitesse acquise au bout d'un temps donné est proportionnelle au temps employé à l'acquérir. Ainsi, à Paris, un corps qui tombe en chute libre, a acquis:

au bout de la 1re seconde, une vitesse de 9^m81 par seconde
2e — $9^m81 \times 2$
3e — $9^m81 \times 3$
4e — $9^m81 \times 4$
5e — $9^m81 \times 5$
et, en général, au bout d'un temps *t* une vitesse de . . . . $9^m81 \times t$

Si nous appelons *v* la vitesse, nous aurons, pour la vitesse acquise au bout d'un temps *t*

$$v \quad g \times t$$

Ainsi, à Paris, la vitesse d'un corps qui serait tombé en chute libre pendant une minute (60 secondes) serait, à la fin de la première minute de $9^m 81 \times 60 \quad 588^m60$ par seconde

On voit immédiatement que le travail, étant le produit de la masse ou du poids par le déplacement, le travail ou l'énergie d'un corps pesant tombant d'une grande hauteur doit être très grand. Son énergie de distance, dans sa chute, est transformée en énergie de mouvement. La quantité d'énergie de mouvement est alors mesurée par la moitié de la masse du corps multipliée par le carré de la vitesse.

Ainsi au bout de 10 secondes, à Paris, un corps pesant 2 grammes et tombant en chute libre aurait une énergie représentée par

$$\frac{2}{2} \times (981 \times 10)^2 \quad 1 \times 9\,810^2 \quad 96.236.100 \text{ gr. cm}$$

soit 962 kilogrammètres 361 ou 12 chevaux vapeur 83.

Supposons que le corps, à ce moment, soit brusquement arrêté, que devient l'énergie de mouvement qu'il contient? Elle ne peut pas être détruite, elle se transformera.

Transformation d'énergie de mouvement en énergie mécanique.

Si le corps tombait sur un ressort parfaitement élastique, il le comprimerait, lui communiquant ainsi une quantité d'*énergie mécanique* égale à celle qu'il faudrait dépenser pour maintenir le ressort dans cet état de compression.

Si le corps tombait sur un corps mou, il le déformerait. Presque toute son énergie serait employée à cette déformation et une faible partie à une élévation de température.

Nous voyons un exemple de transformation d'énergie de mouvement en énergie mécanique dans la chute de la *sonnette* employée pour planter les pieux destinés aux constructions sur pilotis.

Dans les presses à frapper les monnaies, on transformera l'énergie de mouvement d'un corps lourd tombant d'une certaine hauteur, en énergie mécanique, qui, à son tour, sera emmagasinée dans la *forme* de la médaille.

Le mouvement des aiguilles d'une horloge pourra être produit par la chute d'un poids.

La chute de l'eau sur une roue de moulin, ou sur une turbine, servira à transformer l'énergie de mouvement de l'eau en énergie mécanique et sera ainsi utilisée comme *force motrice* pour communiquer l'énergie mécanique à divers appareils qui utiliseront cette énergie.

L'énergie de mouvement peut se transformer en énergie mécanique dans d'autres cas que ceux où elle se manifeste par la chute d'un corps. Tout corps, ayant une masse et animé d'une vitesse, possède une quantité d'énergie égale à la moitié du produit de sa masse par le carré de sa vitesse et, par suite, si nous considérons un corps tournant autour d'un axe fixe, à tout moment, la vitesse augmentant, l'énergie augmentera et l'action réciproque de l'axe et du corps mobile deviendra de plus en plus grande. Tant que l'énergie du centre ou de l'axe sera égale à celle du corps en mouvement, celui-ci restera à une distance constante de l'axe; mais, dès que l'énergie du corps sera plus grande que celle de l'axe ou réciproquement, il tendra à prendre un mouvement propre avec une vitesse qui sera déterminée par la différence des deux énergies et dirigée dans le sens de la plus grande.

Dans le cas où le corps se dirige vers l'axe ou le centre de rotation, on le dit animé d'un *mouvement centripète*, dans le cas contraire, on le dit animé d'un *mouvement centrifuge* et l'on attribue le mouvement dans un sens ou dans l'autre à une force centripète ou centrifuge. La force centripète est dirigée vers le centre suivant un rayon du cercle décrit par le corps. La force centrifuge est dirigée suivant la tangente du cercle décrit par le corps

Quand un corps pesant tourne autour d'un centre fixe avec une grande vitesse, c'est généralement l'énergie du corps qui est la plus grande. Nous en trouvons de nombreux exemples dans la pierre d'une fronde, les essoreuses, les turbines, les régulateurs à boules des machines, etc., dont l'emploi nous montre la transformation d'énergie de mouvement en énergie mécanique en même temps que la mise en action de ce qu'on appelle la force centrifuge. Comme exemple de force centripète, nous pouvons citer tous les cas où l'on utilise la chute des corps pour produire un mouvement.

Le fait que, dans la mesure de l'énergie, le facteur vitesse entre au carré, nous explique comment l'énergie centrifuge peut devenir très grande si le corps est animé d'une très grande vitesse. On sait, entre autres, que, si la vitesse de rotation de la terre autour des pôles était 17 fois plus grande qu'elle n'est, l'énergie centrifuge que prendraient, en vertu de cette vitesse, les objets situés à la surface de la terre serait précisément égale à la vitesse centripète et qu'ainsi l'action de la pesanteur sur eux se trouverait détruite.

Gravitation universelle.

L'énergie de distance acquise par les astres au cours de leur évolution peut se transformer en énergie de mouvement. Si deux corps étaient seuls en présence, le plus léger tomberait sur le plus lourd. Mais, si un troisième corps intervient, il modifie immédiatement le mouvement et il s'établit ainsi une nouvelle relation.

C'est ainsi qu'en étudiant le mouvement de la lune, déterminé à la fois par la présence du soleil et de la terre, et en appliquant ses observations et ses calculs aux autres planètes, Newton a pu formuler sa loi : « *Tout se passe comme si les corps s'attiraient réciproquement en raison directe de leurs masses et en raison inverse du carré de leurs distances* ».

Transformation d'énergie de mouvement en énergie thermique.

On peut, en laissant tomber un corps pesant d'une certaine hauteur sur un corps très dur et très résistant, transformer son énergie de mouvement en *énergie thermique*

Ainsi une balle de plomb, tombant de très haut sur une plaque de fer, se déforme, *s'échauffe et échauffe la plaque*.

Une partie de l'énergie de mouvement s'est transformée en chaleur, le reste a été employé à déformer la balle, c'est à dire a été transformé en énergie mécanique.

De même quand un ouvrier perce un trou dans une plaque métallique à l'aide d'un vilbrequin, la mèche et la plaque s'échauffent. L'énergie dépensée par l'ouvrier se transforme en énergie mécanique et en énergie thermique.

Transformation d'énergie thermique en énergie lumineuse.

Nous avons vu l'énergie de mouvement se transformer en énergie mécanique et celle-ci en énergie thermique. Il suffit de chauffer un morceau de fer au rouge pour transformer l'énergie thermique en *énergie lumineuse.* On en peut voir un exemple très net dans les manchons d'Auer, où certains corps, portés à une température assez élevée par la flamme du gaz, deviennent *incandescents,* c'est à dire rayonnent une quantité considérable d'énergie lumineuse.

Énergies électrique, magnétique et lumineuse.

Dès la plus haute antiquité, on a constaté qu'un morceau d'ambre ou de verre frotté pouvait attirer à lui les corps légers et leur communiquer du mouvement. L'électricité est donc une forme d'énergie.

La machine électrique à plateau de verre nous montre la transformation de l'énergie de mouvement en *énergie électrique* dont on connaît les puissants effets. La pile de Nobili, la pile de Clamond, bien d'autres encore, transforment l'énergie thermique en énergie électrique

On sait également que l'aimant peut produire de puissants effets mécaniques en soulevant des corps très lourds. Depuis Ampère, on sait qu'en approchant un aimant d'un fil de cuivre enroulé, on peut produire dans ce fil un courant électrique et que, réciproquement, l'action d'un courant sur un morceau de fer doux peut développer dans ce morceau de fer l'*énergie magnétique.* Nous en voyons un exemple dans la télégraphie électrique (appareil de Morse).

Un rayon de lumière, reçu sur une plaque de sélénium, reliée à un galvanomètre, donne lieu à la production d'un courant électrique, transformant ainsi son *énergie lumineuse* en électricité.

De même, un courant électrique peut échauffer un fil de platine et le porter à l'incandescence, produisant ainsi chaleur et lumière.

Quand on fait tourner entre les pôles d'un aimant un noyau de fer doux autour duquel est enroulé un fil de cuivre, il se produit dans ce fil un courant électrique (machine de Gramme) Si, au lieu d'employer un aimant, nous employons un courant, nous obtenons dans le fil un second courant. C'est le principe des machines dynamo électriques.

Ainsi, de l'énergie électrique peut, comme l'énergie magnétique, produire de l'énergie électrique. Ce sont là les phénomènes d'induction.

On sait comment le courant électrique produit par la pile résulte de la transformation d'énergie chimique. Réciproquement, tout courant électrique, agissant sur un corps composé, produira une décomposition chimique, dont l'intensité sera proportionnelle, comme nous le verrons, à l'intensité de l'énergie électrique mise en jeu.

Le courant d'une dynamo, dans une station centrale, peut, à la fois, chauffer et éclairer tout un quartier, assurer la marche de tramways et actionner des usines où l'on emploiera l'énergie électrique à des réactions chimiques.

Énergies Internes.

Si nous chauffons un morceau de glace, nous modifions son état interne. Sa forme change et la glace devient de l'eau. On pourrait arriver au même résultat par un travail mécanique employé à modifier l'état interne de la glace (la pression, par exemple).

De même, la chaleur transforme l'eau en vapeur, augmentant l'énergie de volume, autre forme de l'*énergie interne* de la vapeur. Cette dernière, elle même, peut, si on la chauffe, produire de l'énergie mécanique.

Énergies Chimiques.

Enfin, la photographie nous montre tous les jours des transformations chimiques effectuées sous l'action de la lumière, comme les phénomènes de la pile nous montrent des décompositions chimiques transformées en courant électrique.

La galvanoplastie, réciproquement, nous montre comment on peut employer l'*energie électrique* pour obtenir une action chimique.

Reversibilité des énergies.

Toute manifestation de l'énergie est *reversible*, c'est à dire que, si nous employons, par exemple, une certaine quantité de travail mécanique pour obtenir de la chaleur, réciproquement nous pourrons, par l'emploi de la chaleur produite, retrouver la même quantité de travail mécanique, en tenant compte, bien entendu, des pertes de travail utile dues aux frottements, à la résistance des conducteurs, au rayonnement, etc.

Conservation de l'énergie.

Dans toutes ces transformations, les quantités d'énergie en présence se conservent à travers le cycle des modifications produites; autrement dit, la somme des énergies en présence reste constante.

C'est une des lois naturelles les plus importantes. On en doit l'énoncé à Jules Robert Mayer, médecin de Heilbronn, qui l'a formulée en 1842. Les travaux de Joule et de Helmholz ont permis d'en vérifier la justesse.

CHAPITRE V

LES CORPS ET LA MATIÈRE

La Matière.

Nous venons de voir que les différentes propriétés des corps (forme, résistance, poids, mouvement, couleur, température, cohésion, caractères chimiques, etc.) n'étaient autre chose que le résultat des transformations de l'énergie perçues par nos sens.

Nous ne pourrions donc avoir la conception des corps si on les dépouillait de leurs propriétés. Pourtant, par une habitude qui nous est restée des séculaires discussions métaphysiques, on désigne souvent sous le nom de *matière* ce que seraient les corps dépouillés, par la pensée, de toutes leurs propriétés.

Nous avons vu que la seule propriété invariable des corps était la *masse*. On a, en conséquence, fait de la masse la seule propriété des corps persistant dans la matière. C'est une habitude d'esprit, que les découvertes chimiques ont généralisée et qui s'est conservée jusqu'à ce jour.

Conservation de la matière.

Du fait, constaté par toutes les expériences, qu'à travers toutes les transformations chimiques qu'on peut faire subir aux corps, la somme des masses en présence reste *constante*, on a conclu à la loi de la *conservation de la matière.*

Comme on n'a, jusqu'ici, pu constater que des transformations de corps, à travers lesquelles la somme des masses ne variait pas et que, d'aure part, on n'a pu que transformer un certain poids d'un composé en un poids égal de ses composants, sans créer ni détruire aucun poids, on a conclu à l'*indestructibilité de la matière.*

Corps simples et corps composés.

La chimie a permis de reconnaître que tous les corps qu'on a pu décomposer se résolvaient finalement en un certain nombre de corps qui, jusqu'ici, n'ont pu être décomposés et qui sont, *actuellement*, au nombre d'environ 80. On appelle ces derniers les *corps simples* Leurs propriétés diffèrent de l'un à l'autre.

Les corps que l'on peut décomposer en corps simples s'appellent *corps composés*.

Atomes.

Si l'on admet que la matière n'est pas indéfiniment divisible, on est obligé de supposer qu'à la limite extrême de divisibilité on se trouve en présence de particules ultimes de matière. On a donné à ces particules ultimes le nom d'*atomes*.

L'hypothèse des atomes implique nécessairement, pour expliquer la constitution des corps, l'hypothèse de l'*éther*, fluide impondérable séparant les atomes des uns des autres et pénétrant tous les corps. Ces deux hypothèses (atomes, éther) sont commodes pour expliquer certaines propriétés des corps et les phénomènes d'élasticité, de chaleur, de lumière, d'électricité, de magnétisme, etc. Il s'agit là de l'*atome physique*

Mais l'atome physique ne suffit pas pour expliquer les différences qui existent entre les divers corps simples. On a été conduit à admettre que les atomes, ces particules les plus petites de la matière différaient entre eux de nature. Des considérations d'ordre chimique basées sur la persistance de la masse à travers les différentes transformations que subissent les corps, ont amené à faire l'hypothèse que les atomes des divers corps simples avaient des masses différentes. Ainsi, on explique que *la somme des masses des composants d'un corps est toujours égale à la masse du composé*, par l'hypothèse que le composé contient un nombre déterminé d'atômes de chacun de ces composants et que chacun de ces atomes a un poids invariable, différant d'un corps simple à un autre. On suppose, par exemple, que les masses de deux atomes d'hydrogène et d'oxygène sont différentes et que, si l'on représente par 1 la masse de l'atome d'hydrogène, la masse de l'atome d'oxygène doit être représentée par 16, celle de l'azote par 14, celle du carbone par 12, celle du chlore par 35,5, etc., etc. Ces chiffres indiquent tout simplement le rapport trouvé entre les masses des atomes des corps *dits simples* comparées à la masse de l'atome de l'un d'eux prise comme unité. Ce sont donc des rapports numériques qui expriment, non pas la masse réelle d'un atome d'un corps simple, mais les rapports probables existant entre les masses réagissant les unes sur les autres dans les combinaisons étudiées.

La masse des corps, étant une de leurs propriétés essentielles, on comprend comment la masse atomique est un des caractères les plus importants autour duquel oscillent toutes les propriétés du corps. Comme nous ne connaissons jamais directement la masse d'un corps mais seulement son poids, on a l'habitude de définir les corps simples par leur poids atomique.

Mendeleïeff a pu, non seulement grouper les corps simples en séries d'après leurs poids atomiques, mais déterminer très exactement les propriétés communes à ces différentes séries et dresser des tables assez précises pour que des lacunes constatées entre deux corps simples consécutifs, aient pu être comblées par la découverte de corps nouveaux dont le poids atomique correspondait au poids atomique calculé pour le corps simple manquant à la série.

Comme, dans l'hypothèse des atomes, on suppose ces derniers animés de mouvements propres extrêmement rapides et qui se résument à des rotations et à des translations ou vibrations, on conçoit comment les différences de masse d'un atome à un autre permettent d'expliquer les différences dans les propriétés des corps. En effet, l'énergie de mouvement étant la moitié du produit de la masse par le carré de la vitesse, il suffit que deux atomes aient une masse et une vitesse différentes pour que leurs énergies soient différentes et se manifestent par des propriétés différentes. Ces considérations permettent de concevoir la transformation de l'énergie de mouvement en énergie chimique et de concevoir aussi comment toutes les manifestations d'énergie chimique varient si considérablement d'un corps simple à un autre. Ainsi, le fait que les atomes de deux corps simples d'espèce différente forment une combinaison par leur action l'un sur l'autre se ramène à une action énergétique. On avait cru pendant longtemps expliquer ce fait en disant que ces atomes avaient de l'*affinité* l'un pour l'autre, ce qui n'expliquait rien.

La masse est un des facteurs de l'énergie de mouvement et nous ignorons actuellement si elle n'est pas elle même la résultante d'autres formes d'énergie. Il n'est pas interdit de supposer que la masse atomique ne diffère d'un corps simple à un autre que parce qu'elle est la résultante d'énergies d'intensités différentes qui se sont manifestées à l'époque lointaine où les corps simples se sont constitués.

Molécules.

Comme nous venons de le voir, l'atome (qu'il s'agisse de l'atome physique ou de l'atome chimique) est inaccessible à nos sens et n'est en réalité qu'une hypothèse offrant une grande commodité pour l'intelligence de ce que peut être l'espèce chimique. Mais, dès que nous arrivons aux corps composés, nous sommes obligés d'admettre qu'ils se composent d'atomes de différente nature, unis les uns aux autres par l'effet des énergies chimiques.

Ainsi, nous savons que l'eau est composée d'oxygène et

d'hydrogène qui sont unis dans des proportions toujours les mêmes. La plus petite partie d'eau que nous puissions concevoir n'est donc pas formée d'atomes d'eau, mais de groupements d'atomes d'oxygène et d'hydrogène. On a été ainsi amené à l'hypothèse moléculaire d'après laquelle la plus petite partie d'un corps composé serait un groupement des atomes des corps simples unis dans de certaines proportions. En effet, si nous continuons à prendre pour exemple l'eau, les phénomènes chimiques nous forcent à conclure que la molécule d'eau se compose de deux atomes d'hydrogène et d'un atome d'oxygène, unis pour former une molécule d'eau. La masse moléculaire, c'est-à-dire la masse de la molécule d'eau, est la somme des masses atomiques de l'hydrogène et de l'oxygène.

Des considérations chimiques, basées sur les phénomènes qui accompagnent la formation des corps composés, nous forcent à expliquer cette formation en admettant que, dans certains cas, les atomes de certains corps simples ne peuvent pas se maintenir isolés et doivent se grouper avec des atomes de même nature pour former des molécules homogènes. Ainsi, nous ne pouvons pas supposer l'existence à l'état isolé d'un atome d'hydrogène ou d'un atome de chlore, mais de molécules composés de deux atomes d'hydrogène, de deux atomes de chlore.

D'autre part, nous sommes obligés d'admettre que dans la formation de la molécule, les atomes ne jouent pas tous le même rôle et que, par exemple, certains atomes, comme ceux de l'hydrogène, peuvent s'unir un à un avec d'autres atomes (par exemple ceux du chlore) tandis que, pour s'unir avec un atome d'autres corps, il faut 2, 3, 4 atomes d'hydrogène ou de chlore. Ainsi l'atome de soufre, l'atome d'oxygène, ne s'unissent, pour former un molécule, qu'à 2 atomes d'hydrogène, l'atome d'azote à 3 atomes d'hydrogène, l'atome de carbone à 4 atomes d'hydrogène, etc.

On conçoit, sans que nous entrions dans des détails qui

trouveront leur place en chimie, que, dans ces conditions, la molécule est un groupement d'atomes dans lequel, non seulement la nature des atomes, mais leur position les uns par rapport aux autres, peut jouer un rôle de la plus haute importance. Ainsi nous verrons de nombreux exemples de corps dont les molécules, composées des mêmes atomes, n'ont qu'une seule propriété commune, celle de la masse et diffèrent par toutes les autres propriétés. On conçoit très bien que, la situation et la distance de 2 atomes, étant des facteurs de leur énergie, l'ensemble d'énergie qui constitue une molécule varie avec la position de ces atomes dont les masses restent invariables. *La molécule peut donc être considérée comme étant la résultante des énergies des atomes.* Or, l'union des atomes, pour former la molécule, n'utilisant qu'une partie des énergies atomiques, il reste libre une certaine quantité d'énergie qui se manifeste sous les différentes formes d'énergie moléculaire (état d'agrégation, formes cristallines, chaleur spécifique, pouvoir rotatoire, capacité électrique ou magnétique, etc.) Le corps, étant la somme de toutes les molécules, ses propriétés se déduisent de celles de la molécule ; mais, comme la masse de la molécule n'est autre chose que la somme des masses des atomes, la masse moléculaire du corps sera la propriété qui persistera à travers tous les changements d'état ne dépendant que de la juxtaposition des éléments atomiques. Cette masse ne pourra être détruite que lorsque l'édifice moléculaire sera lui même détruit et que ses matériaux, les atomes, rentreront dans de nouvelles combinaisons avec des atomes nouveaux provenant d'autres molécules. Ces modifications, qu'elles soient dûes, soit à un nouvel arrangement atomique dans les molécules, soit à de nouvelles combinaisons, ne peuvent se produire que par l'action d'énergies extérieures et avec la mise en liberté d'énergies moléculaires et atomiques.

C'est ainsi que l'on explique que des corps *isomères*

(c'est-à-dire ayant la même composition chimique, mais non la même structure atomique) puissent avoir le même poids moléculaire avec des propriétés très différentes.

L'étude de la chimie nous montrera les transformations des diverses énergies atomiques et moléculaires dans leurs combinaisons les plus variées.

Énergies atomiques et moléculaires.

En appliquant ainsi la notion d'énergie aux atomes et aux molécules, doués de *masse*, c'est-à-dire capables de transformer leur énergie de situation en énergie de mouvement, on peut expliquer les actions qui sont supposées s'exercer entre les atomes des corps simples et entre les molécules des corps composés. Les énergies s'exerçant entre les molécules permettent d'expliquer tous les phénomènes de *cohésion*, d'*élasticité*, etc., comme les énergies atomiques permettent d'expliquer les phénomènes autrefois attribués à *affinité*.

On conçoit de la sorte que les propriétés chimiques des corps ne sont que des formes de l'énergie, comme leurs propriétés physiques. La physique et la chimie ne doivent plus être considérées que comme des branches particulière de la mécanique générale ou *énergétique*.

CHAPITRE VI

LA SUBSTANCE

Conservation de l'énergie et de la matière.

La seule base expérimentale sur laquelle nous puissions fonder nos raisonnements est l'existence de l'*énergie*, et le mot *matière* ne signifie pas autre chose que *corps dépouillés de toutes leurs propriétés autres que celle de posséder de la* MASSE.

Ceci étant donné, nous pouvons dire que tout ce que l'expérience, vérifiée par le calcul et éclairée par le raisonnement, nous permet de constater et de prévoir, tout ce que toutes les hypothèses vérifiées et vérifiables faites jusqu'à ce jour nous forcent à admettre, c'est *qu'à travers toutes leurs modifications, la matière et l'énergie se transforment, mais ne peuvent être à aucun moment, ni créées, ni détruites.*

C'est là le principe de la *conservation de la matière et de l'énergie.*

Quand arrive-t il quelque chose?

RIEN N'ARRIVE EN UN POINT QUELCONQUE DE L'UNIVERS QUE SI, EN CE POINT, IL SE PRODUIT UNE MODIFICATION DE LA MATIÈRE ET DE L'ÉNERGIE, NON COMPENSÉE PAR UNE MODIFICATION ÉQUIVALENTE ET CORRÉLATIVE EN UN AUTRE POINT.

CE QUI ARRIVE, TEND A RÉTABLIR L'ÉQUILIBRE.

La somme de la matière et celle de l'énergie ne varie jamais.

Inséparabilité de la matière et de l'énergie.

Si nous avons séparé jusqu'ici et si, dans la suite, nous sommes amenés à séparer la matière et l'énergie, c'est seulement en raison des nécessités du langage et pour la facilité du raisonnement.

Le mot *matière*, pour nous, ne signifie plus que l'ensemble des atomes sans distinction de propriétés et simplement caractérisé par la masse.

Matière pondérable et matière impondérable.

Des définitions que nous avons données de la *masse* et du *poids*, il résulte que des corps, soustraits à la pesanteur, n'ont plus de *poids*, tout en conservant une *masse*. L'expérience de Plateau, comme nous le verrons en physique, nous en donne la preuve.

On peut donc concevoir un état où quelque chose soit *sans poids*, mais ait une *masse*. C'est un état que nous pouvons concevoir, mais que nous pouvons difficilement nous représenter, parce que, pour nous, tous les corps que nous connaissons, soumis à l'action de la pesanteur, ont à la fois un *poids* et une *masse* proportionnels.

Si la masse de particules en mouvement est extrêmement faible, comme dans les expériences de Crookes sur la *matière radiante*, leur mouvement peut néanmoins, et l'expérience le prouve, être extrêmement rapide.

Or l'énergie du mouvement est, nous l'avons vu, le demi produit de la masse par le carré de la vitesse. On peut donc concevoir que chaque particule de ce genre possède une très grande quantité d'énergie, tout en n'ayant qu'une masse très petite. C'est ce que prouvent les expériences de Crookes sur les effets mécaniques des gaz extrêmement raréfiés, celles de Lorentz sur les électrons, de Lenard sur les rayons catholiques, de Röntgen sur les rayons X, de Lebon sur la dissociation de la matière.

On conçoit ainsi que la pondérabilité des corps puisse ne plus être constatée par nous, sans que pourtant leur énergie soit atténuée.

On conçoit qu'on puisse, par un abus des mots, mais très logiquement, parler de matière impondérable.

C'est à cette *matière impondérable* que l'on a donné le nom d'*éther*, et c'est sur cette notion qu'est fondée l'hypothèse dont nous avons parlé plus haut et qui permet d'expliquer les nombreux phénomènes de la lumière, de l'électricité, de la chaleur, de l'élasticité, etc.

Nous avons vu comment on pouvait expérimentalement passer de la conception de la matière pondérable à celle de l'éther.

Peut on réciproquement passer de l'hypothèse de l'éther à celle de la matière pondérable ?

Supposons deux particules *sans poids,* mais ayant une *masse* aussi petite qu'on peut le concevoir *(éther),* et possédant une vitesse extrêmement considérable, comme en montrent les vibrations chimiques de la partie ultra violette du spectre, qui peuvent atteindre des milliers de trillions par seconde, leur énergie, où ces vitesses figurent au carré, sera *énorme,* quelque petite que soit leur masse.

Il suffit de supposer ces particules d'éther en présence, à quelque distance que ce soit, pour que se manifeste entre elles leur énergie de distance. Elle se changera immédiatement en énergie de mouvement et les deux particules se rencontreront.

Les quantités énormes d'énergie qu'elles auront conservées donneront naissance à une transformation, d'où résultera une forme d'énergie nouvelle, commune aux deux particules réunies désormais en une seule.

C'est cette forme nouvelle d'énergie qui donnera au corps ses propriétés nouvelles, propriétés mécaniques et propriétés chimiques, d'où résultera un *atome* de matière ayant un poids.

On conçoit maintenant comment, de l'hypothèse de l'éther, on peut passer à l'hypothèse des atomes pondérables (matière).

Mais l'éther, l'atome et la matière elle-même ne sont que des hypothèses. L'énergie seule est une donnée expérimentale et nous ne connaissons que des *corps*.

La substance.

Le mot *matière* doit donc être remplacé par un mot plus général, celui de *substance* et on peut, sous ce terme unique, comprendre CE QUI EST, c'est-à dire à la fois les deux groupes de propriétés que nous définissons par les mots *matière* et *énergie*.

On suppose donc la substance primordiale constituée par des particules d'éther et celui ci animé d'un mouvement, non pas de déplacement, mais de vibration. Ces vibrations peuvent atteindre des vitesses dont les nombres qui les représentent ne nous donnent plus une idée nette. Que représente, en effet, de précis pour nous, le nombre 734 trillions de vibrations par seconde? 734.000.000.000.000 ! Ce nombre correspond pourtant à la vitesse des vibrations les plus rapides de l'éther que notre œil perçoit comme lumière violette. Nous savons que les phénomènes chimiques correspondent, pour la plupart, à des vibrations de l'éther dont la vitesse est plus considérable encore.

Nous savons aussi que les vitesses inférieures à 477 trillions (477.000.000.000.000) de vibrations par seconde, les plus lentes que perçoit notre œil, correspondent aux phénomènes thermiques.

La chaleur, la lumière, les phénomènes d'électricité et de magnétisme, les réactions chimiques sont attribués aux mouvements vibratoires de l'éther. On suppose même que la lumière, l'électricité et le magnétisme ne seraient que des formes différentes d'une même énergie et on se base pour fonder cette hypothèse sur le fait expérimental que la lumière et l'électricité se propagent avec la même vitesse (300.000 kilomètres par seconde). Certains phénomènes dans lesquels le magnétisme agit sur la lumière permettent de supposer qu'il y a, de même, corrélation intime entre l'énergie lumineuse et l'énergie magnétique. Tout ceci nous le developperons dans l'énergétique.

Nous pouvons ainsi ramener la progression de la substance *(éther, matière, corps)* à la progression des phénomènes chimiques, électriques, lumineux, thermiques, mécaniques, etc., que constatent nos sens et ces phénomènes enfin à de simples transformations de l'énergie

Nous pouvons, par suite, donner une base solide, à la fois expérimentale et rationnelle à notre conception unitaire de l'Univers. Celle ci est toute entière, désormais, dominée par la LOI DE SUBSTANCE que l'on peut formuler ainsi :

La substance de l'Univers est une et indestructible ; rien ne se perd ; rien ne se crée ; tout se transforme.

Tout phénomène est le résultat de modifications matérielles et énergétiques dans l'état de la substance.

Ainsi nous en sommes arrivés à ce point : L'Univers est l'ensemble de la substance; cette substance est douée d'énergie qui se manifeste par le mouvement. Le mouvement se présente sous deux formes (rotations, vibrations) se communiquant à tout l'ensemble. Mais les vitesses de ces mouvements sont variables et leurs effets se manifestent sous des formes différentes. A de certaines vitesses dont sont animées deux particules voisines d'éther correspondent des quantités données d'énergie. Les mouvements de ces deux particules amenant leur union, l'énergie dont elles sont animées et qui, dans chacune d'elles est plus ou moins grande, se transformera. Des deux particules d'éther se constituera un atome de matière dont la masse sera plus ou moins grande suivant la quantité d'énergie mise en jeu. Les atomes de matière pondérable résultent de cette union de particules d'éther et leur masse correspond à la quantité d'énergie de mouvement développée par ces particules.

Cette énergie de mouvement peut se transformer en énergie de différentes formes :

1° Mécanique ;

2° Thermique ;

3° Lumineuse, électrique et magnétique ;

4° Chimique ;

5° Interne.

Chacune de ces formes d'énergie peut se transformer en toutes les autres. Les phénomènes énergétiques sont en effet caractérisés par leur *reversibilité*.

***

Maintenant que nous concevons ce qu'est la substance, il s'agit de savoir comment elle évolue.

Dans le rapide résumé que nous sommes obligés de faire, nous nous contentons d'indiquer ce que nous démontrerons lorsque nous étudierons en détail les lois qui régissent les transformations de la substance. Nous montrerons seulement comment ces lois suffisent pour expliquer l'état actuel de l'Univers.

LA SUBSTANCE UNIVERSELLE

LIVRE II

L'Univers.

Les Mondes;
La Terre;
La Vie.

LIVRE II

CHAPITRE PREMIER

INTRODUCTION

Nous avons vu dans le livre premier comment nous pouvions prendre connaissance des corps, comment leurs propriétés, qui ne sont autres que les formes sous lesquelles l'énergie devient perceptible à nos sens, se manifestent à nous, et enfin comment nous pouvions concevoir la *substance*, c'est-à-dire l'ensemble *matière-énergie*.

Il nous reste à établir comment la substance a pu évoluer jusqu'à l'état où elle constitue, actuellement, l'Univers.

CHAPITRE II

LES MONDES

La substance.

La substance *est*. Elle est, non pas *inerte*, mais *active* et douée de toutes ses propriétés connues et inconnues. C'est l'ensemble des propriétés de la substance qui nous permet de percevoir l'Univers, et nous ne pouvons la connaître que par l'ensemble de ces propriétés.

Pourtant, nous sommes obligés de les considérer séparément, parce que la conformation de notre esprit ne nous permet pas de concevoir simultanément les choses sous une infinité d'aspects différents.

La substance s'étend, sans limite, dans tous les sens et toutes les directions C'est cette extension sans dans limites de la substance qui nous fait concevoir *l'Espace* comme résultat de notre expérience.

La substance se meut perpétuellement, soit par des rotations, soit par des vibrations. Les vitesses de ces mouvements varient à l'infini.

Nous avons réuni sous le nom de *substance* la *matière*, pondérable, et l'*éther*, impondérable, et nous avons montré comment il était possible de concevoir cette matière impondérable, qui ne serait autre chose qu'un assemblage de particules ayant une *masse*, mais soustraites à l'action de la pesanteur, c'est-à dire n'étant pas attirées par la Terre ou par des astres analogues à ceux faisant partie du système solaire.

Nous avons vu qu'un corps de masse extrêmement faible mais animé d'une vitesse extrêmement grande, pouvait posséder une très grande quantité d'énergie. Ainsi l'extrême ténuité d'une très grande quantité de substance n'empêche pas de concevoir cette substance comme possédant une quantité d'énergie extrêmement grande.

Nous avons montré que l'énergie se manifeste sous des formes différentes, dont les unes nous sont connues, tandis que d'autres nous sont encore inconnues.

Tous les phénomènes énergétiques sont reversibles et les différentes formes de l'énergie peuvent se compenser, *sans que la somme de l'énergie de l'Univers diminue ou augmente.*

De même, à travers les multiples transformations de la matière, nous avons observé que *la somme des masses restait toujours la même.*

Nous observons des *transformations,* mais jamais nous n'avons pu constater que de *l'énergie* apparaisse sous une certaine forme, sans qu'une quantité équivalente d'énergie de formes différentes ait disparu. De même, quand une certaine *masse* d'un corps nouveau nous apparaît sous une certaine forme, c'est qu'une masse équivalente d'un ou de plusieurs corps. sous d'autres formes, a disparu, ou réciproquemment.

Il ne nous est donc pas possible de croire raisonnablement que l'Univers ait eu une origine, ni qu'il doive avoir une fin.

L'Univers à un instant quelconque, est l'état actuel de l'ensemble de la substance à cet instant.

L'Univers.

Il nous suffit de jeter les yeux autour de nous pour constater que la Terre que nous habitons n'est qu'une très petite partie du système de planètes tournant autour du Soleil. Ce système solaire lui-même n'est qu'une fraction négligeable dans l'ensemble des astres que nous voyons à l'œil nu et surtout avec les appareils les plus perfectionnés.

Nous savons que ces astres sont en perpétuelle évolution, malgré leur apparente fixité, et l'étude des phénomènes qui se manifestent sous nos yeux nous permet de concevoir comment, dans cette évolution, notre système solaire a pu se former d'une partie de la substance de l'Univers par des transformations successives de la matière et de l'énergie constituant la substance.

Les astres.

En examinant les astres, une première constatation s'impose : presque tous les astres nous paraissent fixes et un petit nombre seulement animés de mouvements périodiques réguliers.

On sait aujourd'hui que les astres paraissant fixes sont des *étoiles*, en tout point semblables au Soleil, qui n'est autre chose que l'étoile la plus voisine de la Terre, et la plus facile à étudier. Les étoiles ne nous semblent fixes que par suite de leur éloignement.

Les astres animés de mouvements périodiques réguliers autour du Soleil s'appellent des *planètes*. Toutes les planètes que nous connaissons tournent autour du Soleil ou autour d'autres planètes (La Terre tourne autour du Soleil ; la Lune tourne autour de la Terre).

Certains astres d'un aspect particulier apparaissent à certains moments dans le monde solaire, décrivant autour du soleil des courbes très allongées, se rapprochant de lui, s'éloignant ensuite et disparaissant, les uns définivement, les autres pour reparaître au bout d'un temps généralement assez long : ce sont les comètes.

Depuis l'époque la plus reculée, on avait constaté les mouvements des astres ; on les expliquait en supposant les astres fixés sur des sphères mobiles autour de la Terre, centre du monde. Ce n'est que depuis Copernic, depuis environ trois siècles, que l'on a constaté la mobilité des planètes autour du Soleil et sur elles-mêmes. Copernic croyait que les courbes qu'elles décrivent, étaient des cercles ayant le Soleil pour centre.

Jean Képler (1571-1630) montra que ces orbites étaient *des ellipses dont le Soleil occupe un des foyers*. Il montra de plus que *les surfaces décrites par le rayon joignant la planète au Soleil sont proportionnelles aux temps employés à les décrire*, et enfin que *les carrés des temps des révolutions des planètes autour du Soleil sont entre eux comme les cubes des grands axes des orbites*. Ces lois permettaient, une fois connues la durée de la révolution de deux planètes et la distance de l'une d'elle au soleil, de calculer la distance de l'autre.

C'est grâce à Képler que Galilée et Newton purent faire leurs découvertes.

Galilée avait établi les lois de la chute des corps, montrant à la fois que *la vitesse est proportionnelle au temps et que les espaces parcourus sont proportionnels aux carrés des temps.*

Rapprochant cette loi de celle de Képler, Newton expliqua que si la Lune ne tombait pas sur la Terre, c'est qu'elle n'était pas *attirée* seulement par la Terre, mais aussi par le Soleil. *Tous les corps célestes*, d'après lui, exercent les uns sur les autres une action comparable à celle que la Terre exerce sur les corps placés à sa surface, dépendant à la fois de la masse des deux corps et de leur distance. C'est ce qu'il appela la loi de la *gravitation universelle*, ainsi formulée par lui : « *Tout se passe comme si les corps s'attiraient en raison directe de leurs masses et en raison inverse du carré de leurs distances.* »

On connaissait alors deux lois générales découvertes par Léonard de Vinci et par Galilée. C'étaient la *loi de l'inertie* (*Tout corps persiste dans son état de repos ou de mouvement uniforme rectiligne aussi longtemps qu'une cause extérieure ne vient pas modifier cet état*) et la *loi de la proportionnalité* entre la *force* agissant sur un corps et *l'accélération* qu'elle produit (*Toute variation dans le mouvement est proportionnelle à la force agissante, et dirigée dans le sens de la droite suivant laquelle agit cette force*). Newton y ajouta le *principe de l'égalité entre l'action et la réaction (Toute action exercée sur un corps dans un certain sens, est accompagnée d'une réaction du corps égale et dirigée en sens contraire).*

Dès lors, Newton pouvait expliquer, comme de simples phénomènes mécaniques les mouvements des astres : ils ne dépendaient plus que de la *masse* du Soleil et des planètes et de leurs *distances* réciproques; la *gravitation universelle* pouvait aussi expliquer l'attraction des particules les plus petites des corps. L'univers se réduisait à la *force*, cause du mouvement, et à la *matière*. Connaissant la masse du Soleil, celle d'une planète, et leur distance, on pouvait calculer l'orbite de la planète, et réciproquement.

Bien plus, quand on avait calculé l'orbite d'une planète, si l'observation montrait quelque irrégularité dans sa marche, on pouvait l'attribuer sans crainte d'erreur aux perturbations introduites par la présence d'un astre inconnu. En étudiant les perturbations, on pouvait calculer la masse du corps inconnu et établir à quelle distance il se trouvait de son voisin.

Les lois posées par Newton avaient permis ainsi de se rendre compte de tous les mouvements de notre système planétaire, et d'expliquer, par la gravitation, non seulement le cours des planètes autour du Soleil, mais le phénomène des marées, produit par l'attraction de la Lune.

Pourtant, si les lois de la gravitation paraissaient hors de doute, puisque tous les calculs basés sur elles se trouvaient vérifiés, tous les savants n'admettaient pas sans réserves que l'attraction en fût la cause, et quelques-uns (Leibnitz, Euler), pensaient que le milieu (l'éther) pouvait, en poussant les corps célestes les uns vers les autres, produire les mêmes effets que cette force inconnue, qu'Euler, en 1760, demandait de bannir de la science « comme toutes les qualités occultes ».

Vers la fin du XVIIIe siècle, Laplace (1749-1827) chercha à

expliquer l'origine de notre système planétaire, de manière à compléter l'œuvre de Newton en se basant sur l'hypothèse de l'attraction. Newton, en effet, s'est borné à expliquer le mouvement des corps célestes en laissant de côté la question de leur origine.

Les nébuleuses.

Toute l'hypothèse de Laplace est basée sur l'étude des *Nébuleuses*, qui, avec les comètes, complètent la série des diverses formes de corps célestes.

Les nébuleuses, dont la Voie Lactée est la plus anciennement connue, nous apparaissent comme des taches blanchâtres çà et là dans toutes les parties du ciel. La plupart des nébuleuses ne sont pas visibles à l'œil nu. On en avait découvert 96, quand W. Herschell (1738 1822) entreprit leur étude, et en découvrit, à lui seul, 2.500. On en compte aujourd'hui plus de 6.000.

En étudiant la « voie lactée », on constate qu'elle peut se résoudre en un nombre prodigieux d'étoiles : plus de 18 millions. Son étendue est telle que la lumière qui, pourtant, franchit 75 000 lieues par seconde, mettrait plus de 7.000 ans à parvenir de certaines étoiles de la Voie Lactée jusqu'à la Terre, soit une distance de plus de 16 millions de millions de lieues.

Le Soleil n'est autre chose qu'une des étoiles de cette nébuleuse. Tout notre système planétaire en fait donc partie.

Il est raisonnable d'admettre que d'autres étoiles de la Voie Lactée servent de soleils à d'autres systèmes planétaires, plus ou moins semblables au nôtre. Il en est évidemment de même des autres nébuleuses résolubles, dont les étoiles peuvent être des centres de systèmes planétaires.

Si, dans la Voie Lactée, type des nébuleuses *résolubles*, on trouve des étoiles formées et réunies en amas rapprochés, il est d'autres nébuleuses, très nombreuses, qui présentent un aspect tout différent. Ce sont d'immenses traînées blanchâtres, formées, suivant toute apparence, d'une matière extrêmement ténue et affectant de formes très variées.

La plupart des nébuleuses présentent des formes spéciales, que nous pouvons observer d'une façon particulièrement nette dans celles qu'on appelle « les Chiens de Chasse » et « la Vierge »

Dans ces deux nébuleuses, la matière ténue s'étend en immenses spirales occupant un espace considérable dans le ciel.

En les examinant avec soin, W. Herschell, observa que les spirales semblent tourner autour d'un centre commun, d'un noyau central, toujours beaucoup plus brillant que le reste, et se condenser autour de ce noyau.

Un examen plus approfondi lui fit voir que la partie centrale du noyau était, en effet, beaucoup plus condensée que le reste, et pouvait être considérée soit comme une étoile, soit comme un amas d'étoiles.

Quelquefois, comme dans les Chiens de Chasse, une seule nébuleuse présente plusieurs centres de condensation.

Exposé du système de Laplace.

Se fondant sur ces observations, Laplace chercha à s'expliquer ce qui se passerait si une nébuleuse, occupant un espace plus grand que celui de notre système planétaire, et dont le noyau aurait pour centre le centre du Soleil se condensait autour de ce noyau, comme semblent le faire les nébuleuses d'Orion, des Chiens de Chasse, de la Vierge et tant d'autres.

En se condensant autour du noyau, la matière de la nébuleuse augmentera de masse, et par suite l'attraction de la partie centrale deviendra de plus en plus considérable.

Des fragments irréguliers de la nébuleuse seront attirés vers le centre, le noyau grossira et prendra un mouvement de rotation de plus en plus rapide. La masse du noyau augmentant, ainsi que sa vitesse, la condensation donnera lieu à des phénomènes chimiques et à une élévation considérable de température, de telle sorte que le noyau deviendra incandescent, en même temps que sa vitesse de rotation continuera à augmenter. La nébuleuse sera devenue une *étoile.*

Mais, au fur et à mesure que la masse et la vitesse augmentent, la *force centrifuge* devient plus grande ; et comme la masse incandescente a pris en vertu des lois de la gravitation, la forme d'une sphère tournant autour de l'un de ses diamètres, la force centrifuge est plus considérable dans la zône équatoriale, où la vitesse est la plus grande.

Peu à peu la sphère s'aplatit aux pôles et se renfle à l'équateur.

Quand la force centrifuge, par l'augmentation de la vitesse, est devenue plus grande que l'attraction centrale dûe à la pesanteur, une partie de la zône équatoriale se détache, formant autour de l'étoile un anneau qui continue à tourner dans le même sens et dans le plan de l'équateur de l'étoile.

Sous l'influence des mêmes causes, concentration de plus en plus grande autour du noyau et augmentation graduelle de la force centrifuge à l'équateur, d'autres anneaux se forment, tournant tous dans le même plan et dans le même sens autour de leur centre commun.

En supposant qu'il se soit produit neuf fois ce phénomène de détachement d'un anneau à des distances de plus en plus rapprochées du centre à mesure que l'étoile se condensait davantage, on se rend compte de la formation des orbites des huit grandes et petites planètes connues actuellement et de celui des planètes télescopiques, le premier anneau ayant formé l'orbite de la planète la plus éloignée du soleil (Neptune), le deuxième celui d'Uranus, et les suivants successivement ceux de Saturne, de Jupiter, des planètes télescopiques, de Mars, de la Terre, de Vénus et de Mercure.

Que sont devenus ces anneaux ?

Pour conserver indéfiniment leur forme annulaire, ils auraient dû présenter dans toute leur étendue une régularité parfaite. Mais, pour que cette régularité existât et se maintînt, il aurait fallu un ensemble tout à fait exceptionnel de conditions. Sous l'influence des mêmes causes qui ont amené dans la nébuleuse primitive des concentrations de matière autour de certains centres, il s'est produit des différences de masse dans l'ensemble et par suite des différences de vitesse dans le mouvement de certaines parties de chaque anneau.

Chaque anneau s'est brisé à l'endroit où la résistance était la plus faible, formant ensuite soit une seule masse qui, se réunissant, a donné naissance à une planète, soit à de nombreux fragments qui ont continué à circuler isolément, comme les petites planètes télescopiques qui circulent entre Mars et Jupiter et dont on connaît actuellement plus de 500.

Voyons maintenant, toujours d'après Laplace, ce que devient chaque planète.

Ses particules avaient des vitesses très différentes; elles étaient à la fois plus ou moins attirées vers le soleil et vers le centre de la planète, en même temps qu'animées d'un mouvement dans le sens du mouvement de l'anneau. Par suite, en vertu des lois générales de la mécanique, la planète a pris un mouvement de rotation autour de son centre, tout en gravitant autour du soleil.

Dès lors ce qui s'est passé pour la nébuleuse se passera pour la planète. Elle se condense de plus en plus, et augmente de vitesse; sa force centrifuge devient de plus en plus grande à l'équateur; elle abandonne, à son tour, des anneaux qui tournent autour d'elle. Ceux-ci se rompent donnant naissance à un ou plusieurs satellites gravitant autour de la planète comme elle même autour du soleil. Certains anneaux semblent persister, comme ceux de Saturne, qui paraissent être des amas continus séparés par des sillons. (On croit actuellement que ces anneaux doivent être constitués par de petites lunes très rapprochées les unes des autres. Maxwell a prouvé mathématiquement que, si un anneau de Saturne était un solide continu ou une masse fluide, il serait instable et se fragmenterait nécessairement. De plus, s'il était possible pour l'anneau de tourner comme un corps solide, les parties intérieures tourneraient plus lentement, tandis qu'un satellite se meût d'autant plus rapidement qu'il est plus près de la planète. Enfin l'observation spectroscopique (Méthode de Huygins) montre, non seulement que les portions intérieures de l'anneau se meuvent le plus rapidement, mais que les vitesses actuelles des arêtes extérieure et intérieure sont en concordance complète avec les vitesses théoriques des satellites situés aux mêmes distances de la planète. A.-W. Rücker. *La Théorie atomique*).

Pour expliquer l'état incandescent et lumineux du soleil, Laplace se basait sur la quantité de chaleur énorme que produit une masse nébuleuse, ayant occupé primitivement un espace s'étendant bien au delà des limites de l'orbite de la planète la plus éloignée du système solaire en se condensant jusqu'à n'avoir plus que le volume actuel du soleil.

Les planètes, issues du soleil, mais de masse beaucoup moins grande, se sont plus rapidement refroidies, leur chaleur s'étant dissipée par le rayonnement à travers l'espace. De l'état gazeux elles ont passé à l'état liquide, puis à l'état pâteux. Le refroidissement continuant, il s'est formé à leur surface une croûte solide plus ou moins épaisse, qui, en protégeant leur noyau intérieur contre le refroidissement, a maintenu ce noyau à l'état incandescent.

Les satellites, dont la masse est plus petite, se sont refroidis plus vite encore. En raison de ce refroidissement, leur vitesse de rotation autour de leur centre a graduellement diminué. C'est ainsi qu'on peut expliquer que la lune, par exemple, présente toujours la même face à la terre.

Telle est la remarquable hypothèse de Laplace. Elle a permis de ramener à l'unité l'origine du système solaire.

Théories postérieures, complétant l'exposition du système du monde de Laplace.

Depuis la mort de Laplace, et surtout depuis l'époque où il publia *La Mécanique céleste*, les sciences ont progressé. Des théories nouvelles se sont fondées. L'astronomie, notamment, s'est presque entièrement renouvelée, grâce à l'appui que lui prêtent la spectroscopie et la photographie stellaires. D'autre part, la thermodynamique, l'électricité, la science de l'énergie se sont entièrement constituées, comme sciences générales et comme théories directrices, sans que Laplace ou ses contemporains aient même pu soupçonner l'immense portée qu'elles prendraient un jour.

Malgré ce renouvellement presque complet du matériel technique et théorique, la théorie de l'origine nébuleuse de notre système planétaire est toujours acceptable.

Bien plus, les progrès de la science n'ont fait que la confirmer dans ses grandes lignes.

L'hypothèse de Laplace, comme celle que le philosophe allemand Emmanuel Kant avait formulée dès 1755 dans son ouvrage intitulé *Histoire naturelle générale et théorie du ciel*, tendent à montrer l'origine mécanique de l'Univers d'après les principes de Newton et en se basant sur la théorie cosmologique des gaz, autrement dit sur une théorie mécaniste de l'évolution de l'Univers. Ces deux hypothèses reposent sur le postulat de l'*attraction universelle* et sur le fait de la chaleur engendrée par la condensation d'une masse gazeuse. Les progrès de la science, les ont confirmés dans leurs grandes lignes et les théories énergétiques rendent le postulat de l'attraction complètement inutile. Ces théories suppriment la dernière objection à l'hypothèse faite par Laplace pour mettre en lumière l'unité qui préside aux faits astronomiques et montrer qu'il est inutile, pour les expliquer, de remonter à des causes autres que celles dont nous voyons tous les jours se produire les effets.

Voici, en effet, ce que dit en résumé Wilhelm Ostwald (*Vorlesungen über Naturphilosophie*, 1902, p. 191 et suivantes) :

Etant donnée l'existence de la Terre, il nous est impossible de constater l'existence, soit d'un objet pesant qui n'aurait pas de masse, soit d'un objet doué de masse non soumis à la pesanteur. De tels objets ne peuvent exister dans l'espace soumis à notre expérience.

La plupart des faits s'accordent avec l'hypothèse de Kant, qui attribue à l'excentricité de la chute des corpuscules dont le système solaire s'est formé le mouvement de rotation pris par le corps devenu le centre des masses. Si on part de cette hypothèse, il faut en conclure que la composition de ce corps central a été *déterminée par la vitesse de chute propre à ces particules*. Il ne pouvait arriver au corps central que des masses ayant une pesanteur relative aussi grande que possible, ou ceux qui pour une même pesanteur avaient la plus petite masse. Il s'est ainsi fait entre les corps, en quelque sorte, une *sélection* qui a eu pour effet de faire arriver vers le centre les corps tombant le plus rapidement. Pour ces corps, le rapport entre la pesanteur et la masse aura toujours la même valeur, la plus grande possible.

Ainsi des relations réciproques entre l'énergie de pesanteur et l'énergie de mouvement, se déduisent les lois suivant lesquelles les corps célestes circulent dans l'espace.

Avant tout, *il faut considérer l'ensemble de tous les corps doués de pesanteur* — c'est-à-dire tous les corps que nous pouvons percevoir — *comme un seul système d'éléments tous liés entre eux*, système dont l'existence réelle n'est pas limitée à l'espace occupé par la « matière » de chaque corps céleste isolé. Dans cet espace, seuls la forme et la masse des corps expressions des énergies correspondantes, sont limitées, mais leur énergie de distance s'étend à l'espace tout entier

La nécessité d'une conception semblable est évidente dès que l'on conçoit bien qu'il est impossible d'admettre qu'un point *isolé* soit doué d'énergie de distance En effet, l'énergie de distance consiste précisément en l'existence de quantités de travail qui se manifestent par le rapprochement ou l'éloignement de *deux* ou plusieurs corps, soit qu'elles se transforment en d'autres formes d'énergie, soit qu'elles proviennent de transformations de ces autres énergies

Ainsi l'éloignement est un facteur de l'énergie de distance, comme la masse et la vitesse sont les facteurs de l'énergie de mouvement.

Dès que nous considérons ainsi l'énergie de distance comme résultant du fait même de l'existence de deux corps en deux points séparés de l'espace, il n'y a plus d'*énigme de la pesanteur*. Qu'est-ce, en effet, que cette énigme ? Tout simplement la difficulté d'expliquer comment un corps peut agir à distance, c'est à dire là où il n'est pas Or, on ne peut se poser cette question qu'en supposant l'existence d'une force attractive résidant seulement dans l'espace déterminé par l'energie de forme du corps considéré et étendant de là ses bras tout autour d'elle pour embrasser tout ce qu'il y a de matière pondérable à sa portée. Pour nous, nous ne supposons pas une telle force. Nous savons simplement que le rapport réciproque des corps soumis à la gravité existe aussi longtemps et dans les mêmes conditions que ces corps eux mêmes En vertu de la loi de la conservation de l'énergie, il est impossible que n'importe où, il naisse de rien un corps pesant qui n'était pas là avant, et sur lequel maintenant les autres corps pesants commencent à exercer leur action. Mais les relations de pesanteur sont données à l'avance, avec les corps mêmes. L'énergie de pesanteur est, comme forme de l'énergie de distance, liée à leur activité dans l'espace, et elle appartient à l'ensemble de tous les systèmes gravitants, simultanément avec leur existence. L'*énigme* de la pesanteur disparaît ainsi devant le *fait* de l'énergie de distance, et il est aussi peu énigmatique de voir une forme d'énergie dépendre de la distance que d'en voir d'autres dépendre du volume, de la surface ou de la forme. Au contraire, il serait bien plus étonnant qu'il n'y eut pas d'énergie qui dépendit de la distance.

Il dépend donc uniquement du rapport qui existe entre l'énergie de mouvement et l'énergie de distance d'un corps céleste donne, qu'il se meuve ou non autour d'un corps central. Si nous supposons que le corps céleste vienne de très loin tomber vers le corps central, à chaque instant l'énergie de distance qu'il perd se transforme en énergie de mouvement, et la vitesse à l'instant considéré dépend *seulement* de l'éloignement auquel le corps se trouve à cet instant du corps central.

Si le mouvement n'est pas exactement dirigé vers le centre, le corps oscille autour du corps central et alors, comme un pendule, il aura juste la vitesse nécessaire pour s'éloigner de nouveau dans l'indéfini.

Si la vitesse que possède un corps céleste quelconque est plus grande que la vitesse déterminée à ce moment là par rapport à un autre corps, ce dernier influera sur sa course, mais il ne pourra pas en devenir le satellite, et il s'en éloignera aussitôt. Mais si, au contraire, sa vitesse est plus petite, alors son énergie de mouvement ne suffira pas pour lui permettre de s'éloigner à une distance quelconque du corps central, et il devra laisser ses mouvements s'effectuer d'une façon durable autour du corps central.

De même, si un corps céleste rejette une partie de lui même, il dépend de la vitesse du mouvement de cette partie s'il tournera autour du corps originel, comme satellite, ou bien s'il s'en éloignera de plus en plus.

C'est ainsi que la conception énergétique détruit l'énigme de la pesanteur et confirme les hypothèses de Kant et de Laplace.

D'autre part, les progrès de la chimie nous permettent d'admettre comme une hypothèse infiniment vraisemblable l'unité de substance et l'analyse le corrobore.

Dès qu'il fût possible, en effet, d'appliquer la spectroscopie à l'étude des astres, cette hypothèse reçut de l'expérience la plus éclatante démonstration.

On sait, depuis Frauenhofer, que le spectre projeté sur

un écran par un prisme à travers lequel on a fait passer un rayon de lumière solaire est traversé par un nombre très considérable de lignes obscures, réparties dans toute la longueur du spectre.

Or les corps solides et liquides, portés à l'incandescence, lorsqu'on fait passer à travers un prisme la lumière qu'ils émettent, donnent un spectre continu, qui ne permet pas de caractériser le corps dont il émane. Il en est autrement lorsqu'on fait passer à travers le prisme la lumière d'un gaz ou d'une vapeur incandescents. Le spectre n'est plus continu : il ne se compose plus que d'une ou de plusieurs raies colorées très fines, séparées par des intervalles obscurs plus ou moins étendus, groupés et situés dans toute l'étendue du spectre, d'une façon tout à fait caractéristique pour chaque corps amer ' par la chaleur à l'état gazeux. Ce sont ces portions colorées caractéristiques que l'on appelle le *spectre* du corps.

Le spectre d'un corps composé est formé des spectres des corps dont il se compose.

Mais lorsque le gaz que l'on examine est placé devant un corps solide incandescent, dont la température est plus élevée que celle du gaz, les phénomènes changent. L'observateur voit alors, non plus le spectre continu du corps solide, mais un spectre coupé par de fines raies *noires*, très nettement visibles aux endroits mêmes qu'occuperaient les raies *colorées* du spectre que donnerait, sur un fond obscur, le gaz considéré, s'il était observé isolément et à l'état incandescent.

C'est Foucault qui, le premier, a observé ce phénomène du renversement des raies en étudiant le spectre donné par un sel de soude dans la vapeur de sodium.

Plus tard, en 1858 et 1859, Kirchoff et Bunsen, observant le spectre solaire, songèrent à expliquer la présence des raies obscures par le même principe.

Ils conclurent, en conséquence, que l'atmosphère entourant le soleil contenait, à l'état gazeux, et à une température moins élevée que celle du noyau solide, tous les corps dont on pouvait signaler les raies obscures sur le spectre solaire aux places où le spectre de ces corps, isolément, donne des raies colorées.

On a pu constater ainsi, en observant les spectres du Soleil et d'un très grand nombre d'étoiles, que ces astres contiennent tous les corps connus sur la terre et dans son atmosphère.

Dès lors, non seulement l'hypothèse de Laplace était confirmée, mais l'unité de substance de l'univers, et non plus seulement l'unité des lois ayant présidé à son évolution, était démontrée.

Si le spectre des étoiles est à très peu de chose près analogue à celui du Soleil, il n'en est pas de même du spectre des nébuleuses. Tous ceux qui on été observés, et notamment celui de la nébuleuse du *Dragon*, montrent trois raies brillantes isolées, dont l'une peut être attribuée à l'hydrogène, l'autre à l'azote, et la troisième à un corps inconnu. En outre, le centre de la nébuleuse donne un spectre continu. D'où cette conclusion que l'astre est constitué par un noyau de particules solides ou liquides incandescentes et par une nébulosité gazeuse qui l'environne.

Ces observations du spectre des nébuleuses non résolubles, confirment donc à la fois l'hypothèse de Laplace sur la constitution des nébuleuses et leur condensation et l'hypothèse de l'unité de la substance, dont l'hydrogène ne serait qu'un état de condensation plus avancé. Nous verrons en effet, en étudiant la chimie, que le poids atomique des différents corps simples est un multiple très approché du poids atomique de l'hydrogène.

En outre, l'analyse spectrale de certaines terres rares, telles que la terre d'yttria, la samarskite et d'autres métaux des groupes du fer et du platine, montre dans le spectre de ces corps des éléments hétérogènes. William Crookes en conclut que la terre d'yttria, par exemple, est une sorte de nébuleuse d'éléments, nous présentant un corps simple en voie d'évolution Les différents corps qu'on en sépare, se forment les uns des autres par une condensation de plus en plus grande d'autres corps simples. L'hydrogène lui même, suivant le savant anglais, ne serait qu'un état plus condensé de l'élément primordial (*protyle*), de même que les différents corps peuvent être considérés comme de l'hydrogène à des états de condensation de plus en plus avancés.

La raie inconnue qui se trouve dans le spectre des nébu leuses irrésolubles, à côté de celles de l'hydrogène et de l'azote, serait, d'après William Crookes, la raie du pro tyle.

En outre, le fait de l'existence, autour du Soleil et autour des nébuleuses, d'une atmosphère gazeuse plus froide que le noyau solide ou liquide incandescent, est une confirmation à la fois de la condensation successive de la masse gazeuse primitive, de la chaleur produite par cette condensation et de la dissipation de l'énergie à travers l'espace.

Théorie énergétique de l'Univers.

Si maintenant, à l'hypothèse de Laplace nous ratta chons les divers principes que nous avons formulés au sujet de la transformation, de la reversibilité et de la conservation de l'énergie et si nous insistons surtout sur le principe de Helm « *Pour que quelque chose arrive, il faut qu'il y ait des différences d'intensités dans les énergies en présence* », nous pourrons nous faire facilement une conception énergétique de l'Univers.

Il nous apparaît comme un système où de l'énergie de distance, dûe à la présence simultanée en divers points de particules ayant une masse, se transforme en énergies de mouvement, mécanique, thermique, lumineuse, électrique, magnétique, chimique, interne, etc.

L'énergie de mouvement, se manifestant avec des vitesses très grandes, même sur des masses très petites, nous permet de concevoir les effets relativement énormes que Newton attribuait à l'attraction universelle, mais nous n'avons pas à faire intervenir cette cause occulte.

Si, d'un autre côté, il s'agit des phénomènes moléculaires, c'est à dire des actions qui s'exercent à l'intérieur des corps et que l'on attribuait autrefois a l'affinité (autre force occulte), nous pouvons les expliquer par une transformation d'énergie chimique en énergies thermique, électrique, mécanique, etc.

En effet, Mendeleieff et Lothar Meyer ont démontré que toutes les propriétés chimiques des corps dépendaient, suivant des lois connues, de leur poids atomique, c'est à dire de la quantité d'énergie emmagasinée par eux lors de leur formation, formation que permet d'expliquer l'hypothèse de Crookes.

N'avons nous pas vu cette hypothèse se vérifier quand les lacunes existant entre les différents corps simples, classés par Mendeleïeff suivant leur poids atomique, ont été comblées par la découverte de corps simples jusque-là inconnus, comme Leverrier a pu déduire l'existence de la planète Neptune du calcul des perturbations observées dans la marche d'Uranus ?

L'Univers peut donc être considéré comme l'ensemble de toutes les énergies connues et inconnues se manifestant dans tous les corps connus et inconnus.

∴

Les astres connus se composent d'environ 6.000 nébuleuses, d'un nombre incalculable d'étoiles, de 18 comètes périodiques, de 8 grandes et petites planètes et de leurs satellites, et d'environ 500 petites planètes, toutes situées entre Mars et Jupiter.

Le soleil est une étoile faisant partie de la nébuleuse « voie lactée ». Autour de lui gravitent les planètes. Une de ces planètes, la *terre,* nous intéresse particulièrement, parce que nous l'habitons.

Nous avons vu quelle a été l'évolution à la suite de laquelle la terre s'est détachée du soleil et comment elle fait partie du système de corps que nous appelons l'univers. Nous allons essayer de voir quelle a été son évolution individuelle et quelle a été l'évolution des corps situés à sa surface ou dépendant d'elle.

CHAPITRE III

LA TERRE

Formation de la terre.

Pour nous rendre compte maintenant de l'évolution de la terre, nous n'avons plus besoin de faire des hypothèses. L'inspection des couches géologiques et l'étude attentive des phénomènes qui se passent actuellement à sa surface, nous fournissent tous les éléments nécessaires pour cons tituer son histoire.

Comme nous l'avons vu, à un moment donné, il s'est détaché du soleil une portion de la couche extérieure qui, en vertu des lois de la gravitation, s'est concentrée sur elle même. En vertu de son énergie propre, de celle du soleil et de celle des autres planètes du système, elle a pris les mouvements dont elle est animée et notamment un double mouvement de rotation autour de son axe et autour du soleil, en même temps qu'elle continuait à participer au mouvement qui entraîne le système solaire vers un certain point de l'espace, une étoile de la constellation d'Hercule.

Aplatissement des pôles de la terre.

Par suite des énergies développées par ces mouvements, la terre, d'abord sphérique, s'est déformée.

La force centrifuge a produit un aplatissement aux pôles et un renflement à l'équateur. Les expériences de Plateau nous permettent de nous en rendre compte.

En même temps, cet aplatissement nous montre que la terre a bien été, à une époque antérieure, une masse fluide, puis pâteuse, comme le suppose l'hypothèse de Laplace.

Marées solaires.

La présence du soleil déterminait des marées colossales dans lesquelles les matières incandescentes, liquides et pateuses, étaient projetées à des hauteurs considérables (Nous constatons aujourd'hui, dans le soleil, des phénomènes analogues, connus sous le nom de protubérances).

C'étaient de véritables marées dont l'effet a été de ralentir la vitesse de rotation de la terre sur elle même, en même temps que d'amener une dissipation de son énergie interne.

Sous l'influence de ces marées solaires, il s'est produit une déformation continuelle de la surface terrestre.

La lune

C'est probablement alors que la terre était encore à l'état gazeux, que s'est formée la lune, qui, en raison de sa masse moindre, s'est refroidie bien plus rapidement que la terre. A partir de ce moment, la présence de ce nouveau corps a modifié les transformations d'énergie du système solaire.

Croûte terrestre.

Peu à peu, le refroidissement des couches extérieures de la terre a amené à la fois la formation d'une croûte solide et la contraction de la planète dont le volume a diminué progressivement.

Si nous considérons maintenant cette terre dont le noyau, encore liquide, est soumis à l'action des marées solaires et lunaires et à toutes les actions chimiques, physiques et mécaniques, on conçoit facilement que de nombreuses ruptures se soient produites, permettant ainsi aux matières de l'intérieur de se frayer un passage et de venir aussi modifier la surface.

D'autre part, la contraction s'opérant pendant que les

pressions internes et la pression extérieure subissaient des modifications fréquentes, il s'est produit toutes sortes de déformations de la croûte, donnant lieu à des variations dans l'énergie totale de la planète, qui se sont manifestées notamment par un abaissement de plus en plus prononcé de la température.

Formation des corps inorganiques.

Peu à peu, de même que les particules de matière primordiale se sont unies lors de la condensation de la nébuleuse primitive, formant les groupements atomiques doués d'énergie chimique que nous appelons les différents corps simples, de même, ces corps simples, d'abord dissociés, se sont combinés. Ils ont ainsi formé des systèmes d'énergies différentes (énergies chimique, thermique, électrique, magnétique, mécanique, etc.) dépendant à la fois de la constitution atomique de chacun d'eux et de l'ensemble des énergies en présence dans tout le système de l'univers. Ainsi se sont établis les états d'équilibre différents entre les différents systèmes en présence, et ce sont ces équilibres qui ont constitué les divers groupements moléculaires formant les corps simples et composés en présence desquels nous nous trouvons aujourd'hui.

A cette époque, la pression des gaz de l'atmosphère qui environnait la terre et qui contenait, à l'état de vapeurs, les éléments les plus volatils, devait être énorme comparativement aux plus fortes pressions que nous pouvons observer aujourd'hui. En outre, l'intensité des énergies thermique, électrique, magnétique, etc. devait être plus grande, la terre étant à cette époque beaucoup plus rapprochée du soleil qu'elle ne l'est aujourd'hui, le volume de cet astre, comme celui de la terre et des autres planètes, ayant diminué depuis lors. Il y a donc eu, à ce moment, des réactions que nous ne pouvons pas reproduire aujourd'hui dans des conditions analogues. De plus, il faut tenir compte aussi du temps dont l'influence joue un très grand rôle dans les réactions physiques et chimiques.

On conçoit alors que les corps pâteux de la surface ont dû cristalliser dans des conditions toutes particulières, formant ainsi les énormes masses cristallines qui constituent la partie la plus considérable de la croûte terrestre.

Roches ignées.

On les appelle les roches ignées.

Toute l'énergie dépensée dans les transformations de la matière à cette époque a été employée à donner aux roches ignées leur composition chimique et leur forme cristalline.

Ces cristallisations sont les témoins qui nous restent de la forme de vie qu'affectait la matière à cette époque.

Espèces chimiques

Nous avons parlé à plusieurs reprises de l'énergie chimique. Il serait bon maintenant d'entrer dans quelques détails à ce sujet.

Lorsque nous avons parlé de la formation des corps simples, nous avons dit que leurs poids atomiques pouvaient être considérés comme dépendant des énergies dont ces corps sont les résultantes. Mais le poids atomique, comme le poids en général, étant proportionnel à la masse du corps, est une des formes sous lesquelles se manifeste l'énergie de distance s'exerçant entre l'atome et la terre. Bien d'autres formes d'énergie existent encore qui ne se manifesteront que lorsqu'un autre atome sera en présence du premier.

Si deux atomes différents se trouvent en présence, les énergies respectives qu'ils représentent se manifesteront sous des formes diverses, mais la somme des énergies contenues dans chaque atome ne se transformera pas entièrement en chaleur, électricité etc. Il en restera une partie qui sera employée exclusivement à maintenir unis les atomes pour former la molécule. Il se constitue donc dans chaque molécule une réserve d'énergie particulière que nous pouvons appeler son énergie interne. C'est cette énergie qui se manifestera dans les réactions chimiques dont la molécule sera le siége et dans les changements d'état qu elle éprouvera.

Il en résulte que chaque espèce chimique différente contient en réserve des quantités différentes d'énergie chimique, dépendant a la fois de la nature et du nombre des molécules dont elle est composée, de même que chaque molécule différente contient une quantité d'énergie différente, suivant la nature, le nombre et la position des atomes dont elle est composée.

C'est ainsi que se sont établies les espèces chimiques.

Formes cristallines.

Si nous examinons ces différentes espèces, nous voyons qu'elles affectent des formes géométriques différentes que l'on appelle les formes cristallines et qui sont en relation intime avec l'espèce chimique. Nous pouvons considérer cette forme cristalline comme une manifestation à la fois de l'énergie de forme et de l'énergie chimique des molécules composant le cristal. Il en résulte que nous pouvons concevoir le fait pour une espèce chimique de prendre et de conserver une forme déterminée dans des conditions données, comme une manifestation de la vie aussi nette que le fait pour d'autres espèces de prendre d'autres formes dans d'autres conditions.

La forme cristalline des roches peut donc être considérée comme une manifestation de la vie de la terre à l'époque de leur formation et comme le résultat de toutes les énergies qui se sont manifestées à cette époque entre la terre et le reste de l'univers.

Action modificatrice de l'atmosphère sur la surface de la terre.

Après la formation des roches ignées, la croûte terrestre a été soumise à des actions multiples. Les gaz de l'atmosphère, d'une part, ont produit de nouvelles réactions ; d'autre part, les liquides et notamment l'eau, qui s'était condensée et couvrait la terre, ont déterminé, dans les conditions de température élevée et de pression considérable qui existait encore, la désagrégation et la dissolution de nombreuses substances.

Peu à peu les substances et les gaz en dissolution dans l'eau ont réagi les uns sur les autres, produisant ainsi les nombreuses couches de sédiment.

Quand la température de l'eau l'a permis, les éléments qu'elle tenait en dissolution se sont combinés sous les formes infiniment variées que peut donner la combinaison d'un très petit nombre d'éléments, toujours les mêmes, quand leurs proportions et leurs positions relatives varient d'une infinité de manières.

Aujourd'hui encore, sous l'action continue de l'air et de l'eau, circulant à la surface de la terre, nous voyons se produire des modifications profondes dans la configuration des terrains. Les rochers, qui sont continuellement soumis aux chocs des vagues ou aux courants de l'eau, s'effritent et se réduisent en sable. Le frottement des galets les uns contre les autres, l'action de l'eau, la marche des glaciers usent les roches les plus dures, formant ainsi sous nos yeux des terrains de sédiment. D'autre part, nous voyons peu à peu les sables apportés par les fleuves modifier les estuaires. Enfin, l'acide carbonique de l'air est fixé par les oxydes, formant ainsi des carbonates. Des sulfates sont peu à peu réduits en sulfures, puis en soufre et en carbonates, sous l'action combinée des matières organiques et de l'acide carbonique. Bien d'autres réactions se produisent naturellement sous nos yeux. C'est ainsi que nous pouvons nous rendre compte des phénomènes géologiques anciens en les comparant à ceux de l'époque actuelle.

Pour expliquer la formation des terrains de sédiment et les métamorphoses des roches, il nous suffit d'observer attentivement les phénomènes chimiques et mécaniques résultant de l'action de l'air et de l'eau sur la surface de la terre dans des conditions diverses de durée, de température et de pression.

Actions modificatrices des énergies internes.

Parallèlement à l'action de l'air et de l'eau à la surface de la terre, d'autres phénomènes se passaient et se passent encore aujourd'hui au dessous de l'écorce terrestre. Ils sont déterminés par toutes les énergies des corps qui constituent le noyau du globe.

Tout démontre que la température des couches les plus profondes de l'écorce est très élevée et que cette température augmente avec la profondeur. Il est donc permis de supposer qu'au dessous de l'écorce solide existe un noyau incandescent dont le rayon est très considérable par rapport à l'épaisseur de la couche solide.

Dans ces conditions les corps constituant ce noyau doivent être à la fois soumis à des températures et à des pressions considérables donnant lieu à des réactions énergétiques très violentes. De temps à autre, des éruptions volcaniques, comme celles du Vésuve, du Krakatoa, de la Martinique, des tremblements de terre comme ceux de Lisbonne, de Mendoza, etc., les geysers, les sources thermales, etc., nous montrent que ces actions internes sont loin d'avoir cessé.

D'autre part, les énormes poussées de basalte, les volcans éteints, les failles énormes que nous remarquons dans les différentes couches géologiques, nous montrent quel rôle les actions modificatrices internes ont joué dans le passé.

Si nous observons la constitution des grandes chaînes de montagnes, nous pouvons constater qu'elles se sont formées à des époques géologiques très différentes les unes des autres. Des couches de roches ignées se sont ainsi introduites au milieu de terrains de sédiment, indiquant un soulèvement des couches inférieures se faisant passage à travers les couches supérieures. Ainsi les actions internes ont pu donner naissance à certaines chaînes de montagnes. D'autres soulèvements ont modifié le relief du sol au point de faire émerger des continents, tandis que réciproquement des contractions suivies de plissements ont englouti des portions considérables de terre ferme sous les eaux. Des phénomènes de ce genre se sont produits aux temps préhistoriques et à des périodes relativement récentes.

Nous comprenons donc comment peu à peu la Terre a pris sa forme actuelle et comment, sous l'action des mêmes causes, cette forme continue à se modifier, soit lentement, soit brusquement.

Les actions lentes et continues influent beaucoup plus sur les modifications du sol que les catastrophes retentissantes qui frappent de terreur l'imagination des hommes. Ce sont les actions lentes qui peu à peu déterminent le sens de l'évolution du globe. Les brusques phénomènes, au contraire, n'amènent généralement à leur suite que des modifications peu importantes, mais elles ont donné lieu souvent à la formation de légendes et de mythes et peuvent encore servir de prétexte aux manifestations intéressées de ceux qui exploitent la crédulité humaine.

Les expériences de géologie comparée de Daubrée, de Stanislas Meunier, etc. nous montrent comment on peut synthétiquement dans les laboratoires, reproduire la plupart des roches et des minéraux par des procedés chimiques et comment, par des actions mécaniques, on peut imiter les phenomènes géologiques qui ont determiné les plissements, les arrachements et les éruptions de terrain

Ce sont surtout les réactions qui se passent à la surface du globe que nous avons pu étudier et ce sont surtout celles-là qui nous intéressent. Il s'agit donc pour nous maintenant de voir comment l'évolution du globe s'est manifestée au point de contact de la terre et de son atmosphère gazeuse. Tout ce que nous avons vu jusqu'ici nous autorise à croire que seules les diverses manifestations de l'énergie, les actions physiques, chimiques et mécaniques ont présidé à cette évolution et l'ont déterminée.

La phase actuelle de cette évolution se manifeste par la *vie*. Celle ci n'est que le résultat des différentes combinaisons et décompositions qui se sont produites entre les différents corps sous l'influence des différences d'intensité entre les différentes formes d'énergie.

CHAPITRE IV

LA VIE

Les éléments de la matière organique

Au milieu de la multitude de combinaisons possibles, et dont probablement un très grand nombre se sont produites sans avoir persisté, il s'en est trouvé réunissant des conditions qui leur ont permis, non seulement de durer, mais de se reproduire.

C'est à un phénomène de cet ordre qu'est dûe la formation des cellules les plus simples, origines de la vie animale et végétale sur notre globe.

C'est ainsi que sous la forme de masse gélatineuse de constitution très simple, dont nous retrouvons aujourd'hui des quantités considérables dans les profondeurs extrêmes de la mer, se sont formées et développées, des éléments mêmes du milieu où elles se trouvaient, les premières espèces organisées.

Les phénomènes d'organisation des premières espèces vivantes se sont donc produits à l'aide des mêmes éléments que les phénomènes de cristallisation des espèces minérales, mais au moment où de nouvelles conditions permettaient à cette forme nouvelle de vie de se manifester.

Ainsi, après le groupement de la matière primordiale en atomes des corps simples, après le groupement des atomes des corps simples en molécules minérales, ou cristaux, un groupement différent d'atomes des mêmes éléments donne lieu à la formation de la molécule vivante, la *cellule végétale et animale*

Il est infiniment probable qu'alors que les cristallisations minérales eurent fixé dans des combinaisons très stables les métaux avec l'oxygène, l'hydrogène, le carbone, etc, et débarrassé ainsi l'atmosphère du grand nombre d'éléments primitivement gazeux, le rôle du carbone d'abord et de l'azote ensuite, a acquis une importance de plus en plus grande. Nous voyons en effet, par les phénomènes actuels, la cellule végétale composée principalement de carbone, d'hydrogène et d'oxygène. Si, comme tout permet de le croire, l'action chimique du soleil était d'autant plus énergique que cet astre était plus voisin de la terre, on comprend comment, sous l'action de la chlorophyle, les parties vertes des plantes ont pu débarrasser l'atmosphère d'une quantité considérable d'acide carbonique.

Sons une pression aussi forte que celle qui existait dans l'atmosphère aux époques primitives, l'acide carbonique devait exister en très grande quantité en solution dans l'eau. Or l'action des rayons chimiques du soleil se produit à une assez grande profondeur dans l'eau, surtout aux températures élevées que devait avoir l'océan. Pour la même raison (pression atmosphérique élevée), la quantité d'azote dissoute dans l'eau était plus grande qu'elle ne l'est aujourd'hui. A côté des cellules contenant principalement de l'hydrogène, de l'oxygène et du carbone et qui ont donné naissance aux premières cellules végétales il s'en est trouvé d'autres qui ont associé l'azote à ces trois éléments principaux. C'est l'entrée en jeu de l'azote qui différencie surtout la cellule animale de la cellule végétale. Mais le fait certain c'est que la cellule vivante est un composé chimique comme la molécule minérale, qu'elle n'est pas formée d'éléments différents et que sa formation et son évolution sont des phénomènes énergétiques de même ordre que la formation et l'évolution de la molécule minérale

Du reste d'innombrables expériences de synthèse chimique, malgré la brutalité que nous imposent les procédés de laboratoire, ont permis de reproduire, non seulement les composés du carbone et de l'hydrogène, mais les corps plus compliqués où ces deux éléments s'allient à l'oxygène et à l'azote. On a pu ainsi préparer artificiellement les principes immédiats des végétaux (essences, huiles, sucres, alcaloïde), ainsi que les graisses d'origine animale. Si l'on tient compte de l'importance du rôle que joue le temps dans les réactions chimiques, ainsi que de l'influence qu'ont dû avoir les pressions et les températures très élevées qui dominaient à ces époques éloignées, on comprend facilement comment des réactions que nous n'avons encore pu reproduire ont pu donner lieu à la formation de tous les éléments chimiques contenus dans les êtres organisés.

D'autre part, les travaux de Pasteur et en particulier son *Mémoire sur la fermentation appelée lactique* (août 1857) ont été le point de départ d'une science nouvelle, *la bactériologie.*

L'étude des ferments solubles (*diastases*) montre que des substances organiques sont secrétées par les cellules et facilitent certaines réactions chimiques sans entrer dans la composition des produits définitifs. Cette étude permet d'expliquer les phénomènes d'assimilation et de désassimilation dont les organismes animaux et végétaux sont le siège et comment se comportent les éléments de la matière organique, sans qu'il y ait lieu de faire appel à aucune hypothèse surnaturelle.

Végétaux et animaux.

Un milieu nouveau et les conditions nouvelles du globe détermine pour la cellule de nouvelles formes d'existence possibles. Suivant qu'elle se développe sur le sol ou dans l'océan, elle se différenciera et les formes ainsi déterminées, s'adaptant de plus en plus au milieu, donneront naissance à des individus de plus en plus complexes, qui conservent, à travers la multiplicité des formes, les caractères typiques de l'ancêtre commun, la cellule.

Nous sommes désormais en présence des animaux et des végétaux, sans pouvoir reconnaître à aucun caractère précis le point de séparation de ce qu'on appelle les règnes de la nature.

Il s'agit maintenant de suivre la cellule à travers les formes si variées qu'elle affecte dans ses groupements et ses combinaisons.

L'évolution de la substance.

Pour nous faire une idée de l'évolution des organismes vivants, il nous sera utile de rappeler succinctement les grandes lois que l'évolution de la substance nous a jusqu'ici permis de constater :

I. LA SUBSTANCE SE MANIFESTE A NOUS SOUS DEUX FORMES DISTINCTES ET TOUJOURS ASSOCIÉES : LA MATIÈRE ET L'ÉNERGIE.

II. LA MATIÈRE ET L'ÉNERGIE, DANS LEURS DIVERSES TRANSFORMATIONS, NE PEUVENT NI ÊTRE CRÉÉES NI ÊTRE DÉTRUITES.

III. POUR QUE QUELQUE CHOSE ARRIVE, IL FAUT QU'IL Y AIT DES DIFFÉRENCES NON COMPENSÉES ENTRE LES INTENSITÉS DES ÉNERGIES EN PRESENCE.

IV TOUT CE QUI ARRIVE TEND A RÉTABLIR L'ÉQUILIBRE DES ENERGIES EN PRÉSENCE, AVEC LE MOINS D'EFFORT POSSIBLE.

Protoplasma.

Etant donnés ces principes directeurs de l'énergétique, nous pouvons comprendre comment, sous l'influence des différences de matière et d'énergie en présence dans un milieu aussi étendu que l'Océan, alors qu'il recouvrait tout le globe, il a pu se former d'énormes amas de substance protoplasmique qui s'est multipliée incessamment pendant de très longues périodes

En effet, l'énergie de la substance protoplasmique s'est manifestée par l'absorption des matières inorganiques du milieu et leur élaboration.

Cette énergie, en se transformant, a amené l'adaptation au milieu, c'est à dire un état d'équilibre entre la matière organisée et la matière inorganique.

Ce sont des phénomènes de *vie*.

Ainsi que nous l'avons dit, toutes les expériences de nos laboratoires nous ont permis, par des analyses nombreuses, d'identifier les éléments de la matière organisée et ceux des corps inorganiques. Une quantité innombrable de synthèses nous a permis, en partant de ces éléments inorganiques, de reconstituer des corps identiques à ceux produits par les organismes vivants (alcools, sucres, corps gras, éthers, essences, alcaloïdes, urée).

La cellule et son noyau.

Les conditions du milieu se modifiant, l'équilibre entre le protaplasma et le milieu se trouva rompu, et il fallut qu'un nouvel état d'équilibre s'établit

Essentiellement instable, la masse protoplasmique devait tendre à se concentrer de manière à trouver dans un noyau solide un point d'appui, une réserve d'énergie pour lutter contre les énergies extérieures C'est ainsi qu'on peut concevoir le passage de la substance protoplasmique à la cellule : leur seule différence consiste en effet dans la présence d'un noyau.

Désormais pourvue d'un réservoir d'énergie où elle peut puiser, la cellule tend à se développer Elle prend au milieu environnant tout ce qui peut contribuer à ce but, c'est-à dire qu'elle y puise toutes les substances pouvant lui fournir les énergies nécessaires à sa conservation et qu'elle élimine celles qui ne peuvent lui en fournir ou qui tendent à détruire l'énergie qu'elle a acquise

C'est la présence de ces réserves d'énergie toujours utilisables par la cellule pour sa conservation et pour sa reproduction qui la différencie essentiellement de la molécule inorganique. C'est en la mise en œuvre de ces réserves d'énergie que consiste le phénomène de la *vie*. Celle-ci n'est donc qu'une des *formes de l'énergie*.

Reproduction de la cellule.

La cellule grandit. Mais elle ne grandit pas indéfiniment. Chaque espèce d'être organisé a une taille limitée par les circonstances physiques extérieures et par son énergie propre. Lorsqu'une cellule a atteint un certain volume, elle ne grandit plus, elle se divise.

Ce qui caractérise l'énergie cellulaire, c'est précisément ce fait de se diviser et de conserver dans chacun des fragments l'ensemble des caractères de la cellule primitive et notamment son type distinctif. C'est ainsi que la cellule diffère de la molécule inorganique par des propriétés d'auto conservation et d'auto reproduction.

Arrivé à sa limite de croissance, l'individu cellulaire se morcèle et chaque fragment se développe, évoluant à son tour comme l'individu dont il émane.

C'est là le procédé reproducteur type intimement lié à l'assimilation et à la désassimilation par la cellule des éléments provenant du milieu ambiant.

L'étude de l'embryologie et de l'histologie nous montrera quels sont ces différents procédés dérivant de ce procédé type

Tantôt la cellule se divise en deux ou plusieurs fragments *(fissiparité)* lesquels se développent en individus nouveaux. Tantôt l'individu générateur émet en une région de son corps une expansion ou bourgeon qui se développe en nouvel individu (gemmiparité ou *bourgeonnement*). Tantôt la masse protoplasmique s'enkyste, se divise, en un temps relativement court, en fragments d'abord accolés et qui, au moment où se brise l'enveloppe du kyste, deviennent libres et constituent autant d'individus nouveaux (*sporulation*, spores). Tantôt le générateur donne naissance dans l'intérieur de son corps, à des amas de cellules (gemmules) qui sont rejetées à l'extérieur et constituent des individus nouveaux (*gemmulation*). Tantôt il arrive que deux cellules s'attirent, se pénètrent, s'unissent et se séparent ensuite (*rajeunissement*) pour donner naissance à des séries de générations nouvelles, jusqu'au moment d'un nouveau rajeunissement. Tantôt enfin, deux cellules s'unissent d'une façon plus complète (*conjugaison*), etc., etc.

Avant de passer en revue les différents types d'êtres vivants, il est indispensable d'étudier les différentes formes cellulaires dont ils dérivent.

Monères.

Les monères, sans forme précise, équivalent à des amas de matière protoplasmique et représentent la vie organique sous sa forme la plus rudimentaire.

Amibes.

De cet organisme élémentaire se différencie une cellule avec noyau. Nous pouvons en suivre l'évolution en étudiant les êtres unicellulaires actuels (protozoaires). Ces êtres sont constitués par une cellule unique (végétale, animale ou non encore différenciée).

Théorie de la gastrule.

Plus tard, les cellules se groupent, formant un amas dont le type rappelle la mûre. C'est un nouveau stade d'êtres vivants (*morule*).

Ensuite les groupes de cellules s'organisent en s'écartant du centre et se dirigeant vers la périphérie ; elles forment ainsi une sphère creuse (*blastule*).

Il arrive qu'à un moment donné, la partie supérieure de la blastule se rapproche de la partie inférieure par un enfoncement en doigt de gant. La blastule s'est transformée en *gastrule.*

Feuillets germinatifs.

A cet état un processus nouveau se manifeste et dans la gastrule les cellules formant la partie interne et la partie externe du doigt de gant se différencient de plus en plus. Elles se disposent en couches ou feuillets, que l'on appelle les *feuillets germinatifs.*

Le feuillet germinatif interne, en se développant pendant la succession des siècles, a donné naissance aux organes de nutrition et a formé ainsi les divers appareils des fonctions de la vie végétative.

Du feuillet externe dérivent les appareils des fonctions animales (muscles, nerfs, peau, organes des sens), en un mot, les organes servant à la vie de relation, qui nous met en rapport avec le monde extérieur.

Dès lors tout ce qui est nécessaire à la vie de l'être supérieur est déterminé.

Nous retrouvons, soit dans les fossiles, soit dans les êtres vivants actuels, des points de repère suffisants pour reconstituer, sinon tous les anneaux de la chaîne infinie des êtres, du moins la direction des branches maîtresses de cet arbre généalogique si touffu, dont les racines, les différentes formes de la cellule, ont été chercher dans le protoplasma, c'est à dire dans le terreau fécond des éléments inorganiques, la matière et l'énergie qui suffisent à nous expliquer leur développement prodigieux.

Embryologie.

Et il ne faudrait pas croire que c'est là une hypothèse invérifiable. L'embryologie, science dont les lois nous sont connues et qui nous permet d'observer des phénomènes et de contrôler des expériences, prouve le contraire.

On voit, en suivant le développement des organes d'un être vivant quelconque, depuis la cellule ovulaire jusqu'à la naissance, l'embryon passer rapidement par toutes les formes qu'ont dû traverser ses ancêtres préhistoriques.

C'est ainsi que, pour l'homme, nous voyons, dans la fécondation, deux cellules subir une réduction préalable (émission des globules polaires de l'ovule, division des des spermatocytes en spermatozoïdes), puis se fondre en une seule cellule qui *successivement* et *succinctement* passe par les stades morule, blastule et gastrule. Nous sommes ensuite semblables à nos ancêtres acrâniens dont l'amphioxus, sorte de poisson sans tête, est un exemplaire encore vivant. Vers la quatrième semaine de la vie embryonnaire, nous avons, comme les poissons, des arcs branchiaux Ces arcs branchiaux disparaissent vers la sixième semaine. Continuant à nous développer, nous revivons en quelques mois le long drame du développement de l'espèce à travers les âges.

Les données de l'embryologie nous permettent ainsi de combler les lacunes qui peuvent exister dans la paléontologie et de les préciser

Anatomie comparée

Alors intervient l'anatomie comparée et lorsqu'on étudie la construction interne des organismes, on voit que malgré les différences extérieures, il y a unité de structure. L'hérédité vient expliquer clairement les ressemblances alors que l'adaptation avait expliqué les différences.

En comparant, par exemple, les extrémités antérieures des mammifères, l'examen montre que la disposition et le nombre des os sont les mêmes et cependant chez l'homme l'adaptation a fait de l'extrémité antérieure une main, chez le chien une patte, chez le phoque une sorte de nageoire, chez le dauphin une nageoire, chez la chauve-souris une aile, chez la taupe une patte pioche, etc.

Tous les végétaux et tous les animaux sont formés de cellules.

A ceux qui s'étonneraient qu'un animal aussi gros qu'un éléphant soit le descendant d'une simple cellule de quelques millièmes de millimètre de diamètre, on pourrait d'abord faire remarquer la durée incommensurable des périodes géologiques qui sont évaluées approximativement à plus de 50 millions d'années. On peut aussi faire remarquer que l'évolution d'une cellule ovulaire et sa transformation en un être très compliqué est un phénomène banal qui s'accomplit autour de nous constamment. Nous citerons à ce sujet ces phrases si précises d'Hæckel (*Essais de psychologie cellulaire Traduction Jules Soury*) :

Innombrables comme les étoiles du ciel sont les myriades et les myriades de cellules qui composent le corps gigantesque d'une baleine ou d'un éléphant, d'un chêne ou d'un palmier. Et cependant le corps monstrueux de ces géants n'est, au début de son existence, comme le corps infime des plus petits organismes, qu'une seule cellule minuscule, invisible à l'œil nu, la cellule ovulaire.

Mais lorsque la cellule commence à se développer, il naît bientôt d'elle, par division répétée, une masse considérable de cellules semblables qui se disposent en couches ou feuillets germinatifs

La formation des tissus, que nous voyons s'accomplir sous le microscope avec une rapidité étonnante, n'est qu'une brève répétition, déterminée par l'hérédité, d'un long processus historique qui a duré des millions d'années et au cours duquel la division du travail apparut peu à peu dans la lutte pour l'existence, grâce à l'adaptation des cellules aux différentes fonctions de la vie

Classifications.

Une erreur que l'on commet souvent et contre laquelle il est bon de se prémunir est celle qui provient de la difficulté de s'expliquer l'existence simultanée à notre époque de tant de végétaux et d'animaux différents. On est porté à croire, par exemple, que tous les animaux sont les ancêtres de l'homme. C'est aussi enfantin que de s'imaginer que tous les hommes qui ont existé sont les ancêtres de chacun de nous. Ils dérivent seulement tous, de même que tous les animaux et tous les végétaux, d'ancêtres communs, les premières cellules, nées du protoplasma ancestral, dérivé lui même de quelques éléments inorganiques.

Il s'agit d'un arbre généalogique qui s'est ramifié dans tous les sens. Pour retrouver le rameau auquel se rattache un animal donné, il convient de déterminer sa place d'après ses caractères et ceux des formes ancestrales auxquelles on peut les comparer, ce à quoi on arrive au moyen de la paléontologie, de l'embryologie et de l'anatomie comparée. On a souvent beaucoup de mal à y arriver. Bien des êtres des périodes antérieures ont disparu et l'évolution individuelle (embryologie) n'est qu'un abrégé de l'évolution de l'espèce De sorte que la classification méthodique est une opération très delicate On est souvent obligé pour combler certaines lacunes de faire des suppositions plausibles. Toutefois, empressons nous de le dire, le fait de ces lacunes n'infirme pas la théorie générale, au contraire En effet, de temps en temps, une découverte comme, par exemple, celle de l'anthropopithèque (homme singe, intermédiaire entre le singe et l'homme) vient confirmer la supposition plausible et mettre sous nos yeux le *chaînon manquant* à la chaine.

Afin de donner une idée bien nette de la théorie transformiste, il nous reste à indiquer rapidement la série des ancêtres animaux de l'homme, d'après Hœckel A travers cette longue énumération qu'on se souvienne que l'évolu tion des êtres a concordé avec celle de la terre. Les premières apparitions de la vie se sont vraisemblablement produites lorsque le globe était entièrement recouvert d'eau. Pendant longtemps il n'y a donc eu que des êtres aquatiques. A l'apparition des continents certains animaux aquatiques sont devenus terrestres en passant par le stade *amphibies.*

Nos ancêtres auraient été successivement cellule, morule, blastule, gastrule, vers, poissons sans crâne, poissons, amphibies, grands lézards, sortes de kangourous, singes et hommes.

Les grandes lois de l'évolution des êtres végétaux et animaux.

Comme introduction à cette énumération il convient de rappeler que la doctrine du *Transformisme,* entrevue seulement par Kant et par d'autres, a été pour la première fois exprimée clairement par Lamarck en 1809.

C'est à Jean Lamarck (1744 1829) que l'on doit la détermination des principes de l'adaptation et de l'hérédité. On définit actuellement ces principes comme suit (Définitions de Roule) :

ADAPTATION. *L'adaption est la propriété que possède tout être vivant de disposer, dans la mesure du possible, son organisme en rapport avec l'action que les circonstances environnantes exercent sur lui et d'acquérir ainsi des qualités nouvelles.*

HÉRÉDITÉ. *L'hérédité est la propriété que possède tout être vivant de transmettre à ses descendants, dans les circonstances normales, les qualités de forme et de fonctions qu'il présente lui même, et de conserver celles qu'il a.*

SÉLECTION A ces deux grands principes, Charles Darwin (1809 1882) ajoute celui de la *sélection « survivance des individus les mieux appropriés aux circonstances ».*

Dans le courant du XIXe siècle et jusqu'à nos jours, une grande quantité de naturalistes ont repris ces théories et les ont confirmées par d'innombrables observations.

Les progrès des sciences physiques, et en particulier de l'optique, ont permis de reculer les limites de l'infiniment petit et d'examiner ce qui se passe dans des millièmes de millimètres. Les progrès de la chimie organique ont également ouvert à l'observation et à l'expérimentation un champ nouveau et les théories énergétiques permettent maintenant aux philosophes naturalistes d'avoir une conception rationnelle et unitaire de l'Univers et de rattacher à ces théories l'adaptation, l'hérédité et la sélection.

Les êtres vivants peuvent être considérés comme des transformateurs d'énergie. Cette énergie provient de deux sources distinctes qui sont, d'une part, l'hérédité (*énergie évolutrice ou ancestrale*) et d'autre part le milieu ambiant. L'énergie est ensuite transmise aux descendants et restituée au milieu cosmique sous différentes formes dont les plus banales nous sont connues (Energies lumineuse, chimique, électrique, mécanique, etc.) (*Voir Raphaël Dubois, Leçons de physiologie générale et comparée*).

Parmi les philosophes naturalistes, nous citerons particulièrement Ernest Hœckel, qui a eu le grand mérite de coordonner et d'utiliser les travaux de ses prédécesseurs, ceux de ses contemporains et les siens propres et d'en dégager un ensemble de doctrines exempt de métaphysique.

C'est d'après lui, ainsi que nous le disions plus haut, que nous allons indiquer rapidement la série de nos ancêtres animaux.

Parmi les formes ancestrales que nous indiquons, les unes se sont perpétuées jusqu'à notre époque, les autres ont disparu et nous ne pouvons les connaître que par les ressources que nous offrent la paléontologie, l'embryologie et l'anatomie comparée.

Ancêtres invertébrés de l'homme.

1. *Monères.* → Organismes sans organes.

2. *Amibes.* Cellules simples; particules protoplasmiques contenant un noyau. L'amibe équivaut à l'œuf de tous les animaux.

3. *Synamibes.* Agglomération de cellules (morule).

4. *Blastéades.* Sphères creuses pleines de liquide et dont la paroi est formée d'une seule couche de cellules (blastule).

5. *Gastréades.* Modification de la blastule par un enfoncement en doigt de gant (gastrule).

6. *Turbellariés.* Vers inférieurs. Différenciation des parties internes du corps. (Système nerveux rudimentaire, organes rudimentaires des sens, de la sécrétion et de la génération).

7. *Scolécides.* Apparition du sang et d'une cavité splanchnique. La cavité splanchnique est celle où se développent les viscères (en grec *splagknon).*

8. *Chordoniens.* Formation d'une moëlle épinière et d'une corde dorsale.

Ancêtres vertébrés de l'homme.

9. *Acrâniens.* (L'amphioxus actuel donne l'idée de la transition entre les invertébrés et les vertébrés par son embryologie). C'est le dernier survivant des acrâniens. Il n'a ni tête, ni crâne, ni cerveau. Les acrâniens se distinguent par la formation de segments du tronc, par la différenciation plus parfaite des organes (par exemple développement plus parfait de la moëlle épinière et de la corde dorsale et le commencement de la distinction des sexes). Tous les invertébrés précédents étaient hermaphrodites, sauf ceux des 3 ou 4 premiers degrés qui étaient asexués.

10. *Monorhiniens.* Monorhiniens signifie « ayant un seul nez ». Craniotes imparfaits. Les extrémités antérieures de la moelle et de la corde dorsale se modifient et deviennent cerveau et crâne rudimentaires. Ils sont représentés actuellement par les cyclostomes, les myxinoïdes et les lamproies).

11. *Sélaciens* (squales actuels, requins, etc.). Division du nez en deux moitiés symétriques, squelette maxillaire, vessie natatoire, deux paires de membres (nageoires).

12. *Dipneustes.* Trait d'union entre les poissons et les amphibies. Métamorphose de la vessie natatoire en poumon aérien. Transformation des fosses nasales en voies aériennes.

13. *Sozobranches* (ont donné naissance à la classe des amphibies). Transformation des nageoires en extrémités à cinq doigts et simultanément branchies et poumons. Formation plus complète de divers organes, entre autres de la colonne vertébrale.

14. *Sozoures.* Perdaient à l'âge adulte les branchies qu'ils avaient pendant leur jeunesse, mais conservaient la queue comme les salamandres et les tritons actuels.

15. *Protamniotes.* Développement de l'amnios (membrane qui sert d'enveloppe au fœtus), du limaçon et de la fenêtre ronde (oreille) et de l'appareil lacrymal. C'est des protamniotes que descendent les reptiles, les oiseaux, les mammifères, y compris l'homme.

16. *Promammaliens* (Forme ancestrale commune à tous les mammifères). Transformation des écailles en poils; formation des glandes mammaires pour allaiter les jeunes.

— 17. *Marsupiaux* (kangourous actuels). Transition entre les monotrêmes et les placentaliens, c'est-à-dire entre les animaux à une seule ouverture pour l'urine, la semence et les excréments et les animaux à placenta Le placenta est un organe qui adhère à l'utérus et communique avec le fœtus au moyen du cordon ombilical. Chez les marsupiaux la gestation est en partie utérine, en partie externe. Ils ont des os marsupiaux et une poche formée par un repli de la peau du ventre dans laquelle les petits achèvent de se développer

18. *Prosimiens.* Forme ancestrale des vrais singes et de l'homme. Formation d'un placenta. Perte des os marsupiaux et de la poche. Développement du corps calleux cérébral (bande blanche qui réunit diverses portions du cerveau).

— 19. *Ménocerques.* Singes catarhiniens, c'est-à-dire à narines ouvertes au-dessous du nez. Transformation de la denture. Changement des griffes en ongles.

20. *Anthropoïdes.* L'orang et le gibbon asiatiques actuels, le gorille et le chimpanzé africains actuels descendent de ces anthropoïdes. Perte de la queue et perte partielle des poils. Prédominance du crâne cérébral sur le crâne facial.

21. *Anthropopithèques* (hommes singes). Accoutumance parfaite à la station verticale. Différenciation plus complète des deux paires d'extrémités (mains, pieds).

22. *Hommes.* Développement du larynx et du cerveau. Langage articulé.

Depuis des milliers de siècles les hommes se développent et se perfectionnent.

Voilà les théories qui résultent des innombrables observations coordonnées par les naturalistes et qu'ignorent encore aujourd'hui la plupart des hommes.

A côté de cette classification type des formes ancestrales de l'homme, on peut concevoir une classification semblable pour chaque espèce animale ou végétale et une classification générale des animaux et des végétaux.

L'homme et le milieu dans lequel il vit.

Nous savons maintenant que l'homme n'est pas autre chose que le résultat de transformations de la matière et de l'énergie.

Son état actuel est une forme d'équilibre entre les actions qu'exerce sur lui le milieu et les réactions qu'il exerce lui même sur ce milieu.

Sa personnalité ne peut donc se séparer ni du milieu actuel, ni des milieux antérieurs dont les propriétés lui ont été transmises par les êtres dont il est la continuation dans le temps.

Il est donc soumis à toutes les lois qui régissent l'univers et rien en lui n'est inconditionné.

Le jour où nous aurons pu dresser une table de toutes les formes d'énergie, nous pourrons prévoir avec une très grande vraisemblance l'action de toutes les formes de l'énergie sur l'homme et la réaction de l'homme sur elles, c'est à dire sur le milieu.

Il en résulte que, plus la connaissance de la matière et de l'énergie et de leurs lois fera de progrès, plus l'homme se découvrira de motifs d'actions et de réactions.

Actuellement tout doit tendre à le mettre dans les conditions les plus favorables pour qu'il puisse sans aucun obstacle, obéir aux lois générales de la substance (matière-énergie), se conserver et se développer le plus possible, percevoir le plus facilement possible les moindres différences d'intensité dans le système énergétique dont il fait partie et produire le maximum de travail utile pour lui avec le moins d'effort possible.

Tout l'ensemble de la science actuelle doit donc aboutir à une sociologie scientifique, c'est-à-dire à déterminer quels doivent être les rapports des hommes entre eux et avec le reste de l'univers, pour arriver à ce résultat.

Énergie nerveuse.

Nous avons étudié jusqu'ici l'évolution de la substance à travers les mondes, la terre et l'être vivant et nous avons vu que toute cette évolution est déterminée par des variations et des transformations d'énergie. Il nous reste à considérer le fonctionnement de l'être vivant au point de vue énergétique.

L'être vivant s'approprie les provisions d'énergie dont il a besoin pour sa conservation et son développement. Il est mis en rapport avec le milieu ambiant par les organes des sens, qui, eux mêmes, peuvent être considérés comme le prolongement et l'épanouissement d'un appareil composé de cellules nerveuses.

Cet appareil est mis en mouvement sous l'influence d'une excitation qui se propage d'un point à un autre par l'intermédiaire de certaines de ces cellules. L'excitation propagée se manifeste de différentes façons par une modification dans l'état d'un centre nerveux et a pour conséquence une réaction. Il y a donc, entre l'excitation et la réaction qu'elle produit, transformation de l'énergie excitatrice en une autre forme d'énergie et nous pouvons, par suite, sans faire aucune hypothèse, affimer que la cellule nerveuse agit sous l'influence d'une forme spéciale d'énergie, que nous pouvons appeler *l'énergie nerveuse*, aussi nettement caractérisée que les énergies de l'atome et de la molécule et qui se transmet par l'appareil nerveux.

Toutes les actions et réactions, dont l'organisme est le siège, peuvent désormais s'expliquer par des variations et des transformations de l'énergie nerveuse, c'est à-dire par des changements dans l'ensemble des équilibres existant entre les différentes formes d'énergie de l'organisme et les différentes formes d'énergie du milieu qui l'environne.

L'énergie nerveuse, comme toutes les autres formes d'énergie, n'est que transitoire, c'est à dire que c'est une forme passagère provenant de la transformation d'autres formes d'énergie et se transformant à son tour en autres formes d'énergie. Ainsi les phénomènes de combustion dont certaines cellules sont le siège, se transforment dans l'organisme en énergie thermique, entretenant ainsi la température du corps. Dans d'autres cas, sous l'influence d'une excitation, l'énergie nerveuse se transforme en énergie mécanique (mouvements réflexes, mouvements volontaires). Enfin, dans d'autres cas, sous une excitation extérieure ou intérieure, l'énergie nerveuse se transforme en une autre forme d'énergie, l'*énergie intellectuelle*, qui se manifeste par une *sensation*, une *image*, une *idée*.

Pour concevoir comment cette transformation est possible, il faut tenir compte de la nature particulière des cellules nerveuses, dont l'énergie semble être surtout de nature chimique. Certaines formes de cette énergie se trouvent singulièrement facilitées par les excitations antérieures, comme certaines réactions chimiques sont facilitées par les *actions catalytiques*. Les agent catalytiques, c'est à dire ceux dont une très faible action peut déterminer une réaction considérable, sont, dans le cas de la cellule nerveuse, la *mémoire*, *l'hérédité*. Grâce à ces deux propriétés, l'énergie nerveuse, mise en jeu une première fois par une excitation donnée, arrive à se développer de plus en plus facilement sous l'influence de la même excitation ou d'une excitation de même nature et il se produit un état particulier que la cellule semble reconnaître et dont la répétition amène une sorte d'*adaptation* de plus en plus intime. Ce phénomène de la *mémoire* a été défini par E. Herring « *Les propriétés de la substance vivante, grâce auxquelles certains processus laissent dans l'être vivant des réactions qui favorisent la répétition de ces processus.* »

Ces propriétés de la cellule qui, dans leurs formes les plus générales déterminent l'adaptation et l'hérédité, deviennent à leur plus haut point d'évolution, la mémoire.

Énergie intellectuelle.

Un des problèmes les plus difficiles consiste à établir les relations existant entre l'être vivant considéré comme un assemblage de cellules et la pensée qu'il manifeste. La conception de l'énergie peut nous aider à expliquer les phénomènes intellectuels.

Tout d'abord, en effet, nous constatons que tout travail intellectuel exige un *effort* et que cet effort ne peut pas être illimité. Un épuisement se produit au bout d'un certain temps et l'être a besoin, pour renouveler l'effort, d'une nouvelle provision d'énergie. Donc, *tout travail intellectuel est lié à une dépense d'énergie.* Nous sommes, par suite, autorisés à affirmer l'existence d'une forme particulière d'énergie, mesurable, se manifestant par le travail intellectuel et que nous pouvons appeler *l'énergie intellectuelle.*

Cette énergie est une forme particulière de l'énergie nerveuse à laquelle elle est intimement liée, mais avec laquelle il ne faut pas la confondre. Comme l'énergie nerveuse, elle provient de transformations d'autres formes d'énergie dans un appareil spécial, *le cerveau.*

Comme l'énergie cinétique se transforme en énergie mécanique et celle ci dans les autres formes que nous avons déjà étudiées, l'énergie nerveuse se transforme en énergie intellectuelle. La *sensation,* résultant d'une excitation extérieure, arrive, par l'intermédiaire de cellules nerveuses, à d'autres cellules nerveuses situées dans le cerveau et où la sensation se transforme en *perception consciente.* Ce passage de la sensation à la perception consciente est lié à des transformations d'énergies diverses qui se manifestent à la fois par une variation de pression (énergie mécanique), par des réactions intercellulaires (énergie chimique) et par une variation de température (énergie thermique). Il est même probable qu'il y a des variations de l'état électrique. On conçoit combien il est difficile, dans l'état actuel de la science, de donner à ce sujet des indications précises, puis qu'il faut, pour les avoir, expérimenter sur le cerveau d'un être vivant et pensant Nous signalerons pourtant les expériences si concluantes qui ont permis d'établir la théorie de la localisation des fonctions cérébrales.

La perception se transforme en *image* et les images, grâce à la mémoire, s'associent et se transforment en *idées*. C'est là le rôle de l'énergie intellectuelle.

Comme toute forme d'énergie, l'énergie intellectuelle est reversible et l'idée par une transformation inverse pourra susciter l'*acte* (mouvement, parole, etc.). Il résulte de là que, de même que la sensation suscite l'image et l'image l'idée, l'idée évoque et l'image et la sensation.

*On voit donc que l'*ÉNERGIE INTELLECTUELLE *ne diffère que par ses manifestations spéciales des autres formes d'énergies dont elle possède tous les caractères généraux :*

ELLE RÉSULTE DE TRANSFORMATIONS D'ÉNERGIE, ELLE SE CONSERVE, ELLE SE TRANSMET, ET SE TRANSFORME ELLE MÊME EN D'AUTRES ÉNERGIES.

Il n'est donc pas besoin pour expliquer les phénomènes intellectuels, de recourir à l'hypothèse de quoi que ce soit de surnaturel. La constatation de la nature énergétique des phénomènes intellectuels nous suffit pour être certains que, même les problèmes non encore résolus trouveront une solution aussi scientifique que tous les problèmes physiques, chimiques et mécaniques et que les théories de l'énergie fourniront cette solution.

Nous pouvons espérer que l'étude de l'énergie intellectuelle fera les mêmes progrès que celle de l'énergie électrique le jour où l'on pourra agir sur les appareils intellectuels comme on agit sur les appareils électriques

Énergie sociale.

Nous avons vu que la seule présence de deux corps fait, qu'entre ces deux corps, il existe de l'énergie de distance. De même entre deux individus doués chacun d'énergie intellectuelle, il se manifeste une forme spéciale d'énergie, C'est l'*énergie sociale*. Ce qu'on est convenu d'appeler la société résulte uniquement de la présence simultanée d'individus.

Il s'établit entre ces individus un certain état d'équilibre, résultant du jeu de toutes les énergies en présence. Chaque individu dans cet état particulier dépend à la fois de sa nature, de celle du milieu environnant et de celle des autres individus. Comme être vivant il sera toujours caractérisé par ce fait qu'il tend à s'approprier tout ce qui est nécessaire à sa conservation et à son développement. C'est à la condition qu'il puisse ainsi s'assimiler toute la substance qui lui est indispensable qu'il pourra développer son énergie, puisque cette énergie résulte de transformations des énergies environnantes. Or, dans son état actuel d'évolution l'homme a besoin, pour son développement, de corps et d'énergies de natures très diverses. Il faut donc que ces corps et ces énergies soient à sa portée chaque fois qu'il en a besoin. Il est par suite nécessaire de constituer des réserves de ces corps et de ces énergies, réserves qui doivent être à tout instant à la disposition de tous les individus et en quantité suffisante pour que chaque individu puisse y puiser comme l'exige sa conservation.

Nous avons vu jusqu'ici partout et toujours que toutes les transformations d'énergie se réglaient de façon à ce que le plus grand travail s'effectuât toujours avec la moindre dépense d'énergie. Le jour où les phénomènes de l'énergie sociale seront suffisamment connus, tous les hommes devront pouvoir se développer le plus possible avec le minimum d'effort L'énergie sociale atteindra alors son maximum de développement.

Du reste, les énergies intellectuelles des individus ont pour résultantes des idées sociales Ces idées tendent à développer l'énergie sociale dans des sens différents. Il s'est constitué ainsi des états d'équilibre autour de certaines idées directrices dont l'évolution a dirigé jusqu'ici le sens de l'évolution sociale Mais cet équilibre se modifie avec les variations des idées individuelles, dès que certaines de celles ci sont devenues suffisamment puissantes pour modifier l'effet des idées antagonistes. On conçoit qu'à un moment donné un état d'équilibre pourra s'établir autour d'une idée commune qui permettra, comme nous le disions, de réaliser le maximum d'énergie sociale avec le minimum d'effort. Cet état correspondra à celui d'une société où chaque individu aura le maximum de bonheur. C'est là le but vers lequel doivent tendre toutes les énergies humaines.

Terme de l'évolution de la terre.

Et si nous en revenons à la Terre, nous pouvons nous faire une idée du terme de son évolution.

Le refroidissement continuant, la chaleur se dissipera de plus en plus dans l'espace et l'énergie totale de la planète diminuera progressivement jusqu'au jour où, son activité propre ayant cessé, elle ne recevra plus que le rayonnement de l energie provenant de l'étoile autour de laquelle elle gravite.

A ce moment elle ne pourra plus réagir contre l'action de cet astre et, sa masse étant plus faible que celle de ce dernier ou d'un astre voisin, elle sera fatalement amenée à venir se joindre à celui qui exercera sur elle l'action la plus forte.

Il se peut que préalablement elle ait elle même exercé son action sur son satellite et l'ait amené à se joindre à elle, modifiant ainsi son état par des phénomènes semblables à ceux qui se sont produits lors de sa formation. Mais sa durée n'en sera que prolongée et fatalement elle sera absorbée et se désagrégera, restituant sa matière et son énergie à l'univers.

A ce moment l'homme, sous sa forme actuelle, aura sûrement depuis longtemps disparu, des formes nouvelles de vie auront pris naissance et auront évolué, s'adaptant aux conditions nouvelles et, si la planète elle même disparaît sous sa forme de planète, ce ne sera, dans l'évolution de la substance universelle, qu'une transformation d'énergie.

Des différences d'intensité d'énergie se seront produites entre deux points de l'univers ; un monde, c'est à dire un système d'énergie, aura disparu pour renaître sous une autre forme

En préparation :

d'ALBERT BLOCH,
Deux Conférences inédites.

Édité également à l'ÉMANCIPATRICE :

de PARAF JAVAL,
Libre examen.

L'Emancipatrice (imp communiste), 3, rue de Pondichéry, Paris.
E Gauthier, administrateur délégué.

www.ingramcontent.com/pod-product-compliance
Ingram Content Group UK Ltd.
Pitfield, Milton Keynes, MK11 3LW, UK
UKHW012045240726
13965UKWH00003B/1068

9 782013 543781